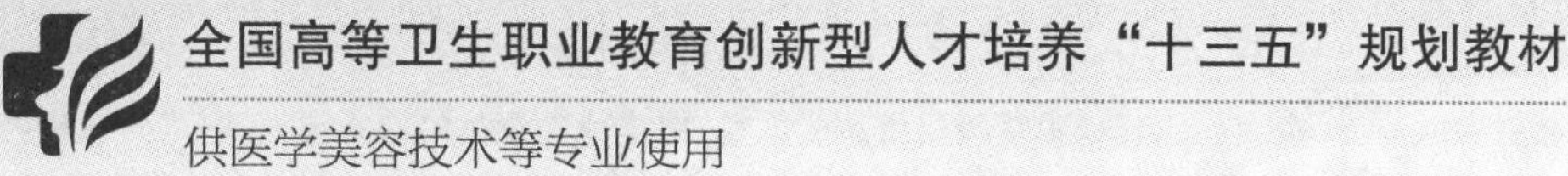

全国高等卫生职业教育创新型人才培养“十三五”规划教材

供医学美容技术等专业使用

中草药化妆品

主　编　冯居秦　西安海棠职业学院

赵　丽　辽宁医药职业学院

杨国峰　西安海棠职业学院

副主编　路　锋　西安海棠职业学院

康维洁　西安海棠职业学院

邱子津　重庆医药高等专科学校

编　者　（按姓氏笔画排序）

于　丹　西安海棠职业学院

王兴保　甘肃晨美商贸有限公司

牛星星　西安海棠职业学院

勾怡娜　西安海棠职业学院

田　伟　西安海棠医药科技有限公司

刘　萌　西安海棠职业学院

刘　慧　西安海棠医药科技有限公司

耿肖沙　西安海棠职业学院

鹿　程　西安海棠医药科技有限公司

華中科技大學出版社

http://www.hustp.com

中国 · 武汉

内 容 简 介

本教材是全国高等卫生职业教育创新型人才培养“十三五”规划教材。

本教材一共有11章，包括绪论、中草药化妆品的原料、中草药化妆品的制备技术、中草药肤用类化妆品、中草药发用类化妆品、彩妆类化妆品、功效类化妆品、牙用类化妆品、芳香类化妆品、中草药化妆品的选择与使用和中草药化妆品的卫生规范与质量控制。

本教材适用于高职高专医学美容技术等专业，也可作为从事化妆品研发者、生产者、销售者和医学美容技师等美容行业工作者的参考用书。

图书在版编目(CIP)数据

中草药化妆品/冯居秦，赵丽，杨国峰主编. —武汉：华中科技大学出版社，2019.8(2024.9重印)
全国高等卫生职业教育创新型人才培养“十三五”规划教材. 医学美容技术专业
ISBN 978-7-5680-5576-5

Ⅰ.①中… Ⅱ.①冯… ②赵… ③杨… Ⅲ.①中草药-化妆品-高等职业教育-教材 Ⅳ.①TQ658

中国版本图书馆CIP数据核字(2019)第179238号

中草药化妆品 冯居秦 赵 丽 杨国峰 主编
Zhongcaoyao Huazhuangpin

策划编辑：居 颖
责任编辑：张 帆
封面设计：原色设计
责任校对：刘 竣
责任监印：周治超
出版发行：华中科技大学出版社(中国·武汉) 电话：(027)81321913
武汉市东湖新技术开发区华工科技园 邮编：430223
录 排：华中科技大学惠友文印中心
印 刷：武汉市籍缘印刷厂
开 本：787mm×1092mm 1/16
印 张：10
字 数：248千字
版 次：2024年9月第1版第6次印刷
定 价：39.80元

全国高等卫生职业教育创新型人才培养“十三五”规划教材（医学美容技术专业）

编委会

序

XU

中医美容是随着社会的发展和人们的审美以及健康的需求而诞生的。中医美容中使用的中草药化妆品的特点是将中草药的有效成分运用到化妆品中，充分发挥中草药的嫩肤、美白、黑发、生发、美发、美妆、祛斑、除痘、洁齿和护齿等特殊作用。编写教材的目的是建立和完善中草药化妆品的独特理论系统，了解各类中草药化妆品的原料、制备技术、品类、选用原则，培养既具有扎实的理论基础又具有熟练的操作技能的医学美容技术中医美容方向专业人才，以满足当前美容行业的需要。

中医和生活美容之间的联系历史悠久。中国古代医家把对人体美的维护作为医学的任务之一，他们关注人体的修饰并合理利用中医学的方法，使修饰品和修饰手段不断完善，更符合人体健康要求，在世界美容史上占据了独特的地位。在历代各类医书中，有驻颜、悦色的作用的中草药达数百种，各种洗手面方、令面悦泽方、增白方、祛皱方、驻颜方、白牙方、染发方、香身香口方，应有尽有，甚至有发蜡、口红、胭脂配方。这些方药具有极浓的生活美容的色彩，均着眼于修饰人的容颜，使之更光彩夺目。

中医美容之中草药美容是在中医理论指导下，运用中药配制的粉、膏、液、糊等外用美容制剂，根据需要内服、外敷，并加以按摩，以滋补脏腑气血、活血通络、软坚散结、退疹祛斑，达到祛斑除皱、养颜驻容、延缓肌肤老化的美容功效。

本教材被列入全国高等卫生职业教育创新型人才培养"十三五"规划教材，反映了21世纪中草药化妆品的发展状况。本教材主要为医学美容技术及医学美容技术中医美容方向专业学生编写，中医美容的爱好者、行业从业者亦可借鉴学习。

全国卫生职业教育教学指导委员会医学美容技术专业委员会委员
全国美发美容职业教育教学指导委员会副秘书长

前言

QIANYAN

《中草药化妆品》主要供高职高专医学美容技术等专业使用，也可作为从事化妆品研发者、生产者、销售者和医学美容技师等美容行业工作者的参考书。

"中草药化妆品"是医学美容技术专业的主干课程之一，该课程在美容化妆品学的基础上，系统归纳了中草药原料在化妆品中的应用现状和发展趋势，全面详细介绍了中草药化妆品原料开发的传统技术与现代工艺，让中草药原料的开发和使用更规范、更安全，并在中医药理论指导下，探索具有中国特色的美容化妆品研发和使用方法。

本教材系统介绍了中草药化妆品的特性、原料、制备技术及选择与应用，并按照中草药肤用类、发用类、彩妆类、功效类、牙用类、芳香类化妆品的分类方式，详细介绍各类化妆品的原料、功能、应用、配方举例及制作方法，内容详细全面，实用性强。全书共 11 章，第一章是绪论，重点介绍中草药化妆品的发展史、作用、分类及特性；第二章为中草药化妆品的原料，重点介绍生产化妆品常用的基质原料、辅助原料，以及中草药原料的来源、特点及应用；第三章为中草药化妆品的制备技术，重点介绍中草药化妆品的生产设备、中草药提取物的制备技术、制备工艺，以及液体、粉状化妆品的常用设备；第四章为中草药肤用类化妆品，重点介绍皮肤的结构与生理功能及清洁类、护肤类、面膜类化妆品和面膜的原料、功能、应用、配方举例及制作方法；第五章为中草药发用类化妆品，重点介绍头发基本知识及清洁类、护发类化妆品和美化毛发用品的原料、功能、应用、配方举例及制作方法；第六章为彩妆类化妆品，重点介绍底妆修饰类、眼用类、唇部类、美甲类化妆品的原料、功能、应用、配方举例及制作方法；第七章为功效类化妆品，重点介绍美白祛斑类、祛痤类、防晒类、脱毛类、防脱生发类化妆品的原料、功能、应用、配方举例及制作方法；第八章为牙用类化妆品，重点介绍牙齿的结构与生理功能，牙膏的作用、分类、原料及配方设计；第九章为芳香类化妆品，重点介绍芳香类化妆品的原料、配方举例和选用方法；第十章为中草药化妆品的选择与使用，重点介绍中草药化妆品的选择原则、选择方法和不良反应；第十一章为中草药化妆品的卫生规范与质量控制，重点介绍化妆品卫生规范的总则、中草药化妆品的卫生要求、质量控制的措施和要求。虽然编者在编写过程中做了大量工作，但由于编者水平有限，书中难免有错漏之处，恳请使用本教材的广大师生以及美容界同仁提出宝贵意见，以便今后进一步修订提高。

编　者

目录

MULU

第一章　绪　　论

第一节　概　　述

一、中草药化妆品的含义

一般来说，化妆品是用来清洁和美化皮肤、面部、毛发或牙齿等部位的日常用品。

我国《化妆品卫生监督条例》规定：化妆品是指以涂搽、喷洒或者其他类似的方法，散布于人体表面任何部位（皮肤、毛发、指甲、口唇等），以达到清洁、消除不良气味、护肤、美容和修饰目的的日用化学工业产品。

中草药化妆品是以中草药为主要原料制成的化妆品。它包括中草药肤用类化妆品、中草药发用类化妆品、彩妆类化妆品、中草药牙用类化妆品和中草药芳香类化妆品等。

二、中草药化妆品的特点

中草药化妆品的特点是将中草药的有效成分运用到化妆品中，充分发挥中草药的嫩肤、祛斑、除痘、美白、黑发、生发、洁齿、护齿等特殊作用。本教材的编写目的是建立和完善中草药化妆品学的独特理论系统，研制各类中草药化妆品，培养既有扎实的理论基础又有熟练的操作技能的中草药化妆品专业人才，以满足当今世界对美容专业人才的需要。

中草药美容护肤在我国具有悠久的历史。中草药化妆品讲求整体调理来美容，即促进人体整体的新陈代谢，预防衰老。中草药来源于大自然，安全可靠，纯正温和，毒副作用小，中草药提取物应用于化妆品已成为现代化妆品工业发展的一个趋势。我国目前研制的化妆品中含有中草药成分的有500余种。

中草药化妆品有以下几个方面的特点。

(1) 以中草药理论为指导，这是中草药化妆品区别于其他化妆品的一个显著特点。中草药化妆品以预防为主，针对性强，具有明显的功能性，且有确切的美容、护肤、养颜的效果。

(2) 绿色天然，历史传承，安全无害。在中国，中草药有几千年的临床应用经验。历代医家积累了很多效果显著、作用独特的单方或复方。且中草药来源于大自然，安全、毒副作用小，相对于化学合成类化妆品，中草药化妆品更加安全可靠。

(3) 产品类别齐全，剂型多样，中草药化妆品几乎涵盖了现代化妆品的各个类别。同时中草药化妆品具有更加丰富多样的剂型，对不同的功效需求、不同的使用部位及不同的使用习惯都有其针对性。

三、中草药化妆品与美容

我国几千年前就已经知道了利用中草药内服或者外用以达到美容养颜的目的。利用天然药物美容并不是单纯的化妆或护肤，而是讲求整体调理美容，即促进人体整体的新陈代谢，预防衰老。随着人们崇尚“天然物质”意识的提高，中草药化妆品受到了越来越多人的推崇。我国目前研制的化妆品中含有中草药成分的已有500余种，各种化妆品品牌也纷纷打出了“取自天然精华”的宣传。

中草药化妆品学在医学美容实践和化妆品工业实践中占有极其重要的地位，起着推动医学美容不断向前发展的作用。

理想的化妆品应该功效显著、安全无毒、使用方便，深受消费者喜爱。中草药化妆品具有科学性、实用性、安全性，集天然化、疗效化、营养化等多功能于一体的特点，因此备受人们欢迎。

四、美容护肤类中草药

下面介绍几种具有明显美容护肤作用的中草药。

1. 益母草

益母草为唇形科植物益母草的全草。味苦、辛，性凉，归肝经、心包经。益母草提取物具有散瘀活血、滋润皮肤、去除皱纹和洁面美白的功效。临床人体研究发现益母草水浸液有抑制皮肤真菌的作用，可用于面部粉刺、皮肤瘙痒、黄褐斑的治疗。《圣济总录》中有益母草灰(益母草灰500 g，以醋和为用。以炭火煅七度后，入乳钵中研细，用蜜和匀，入盆中)一方的记载，每至临卧时以浆水洗面后涂之妙，可治黄褐斑。

2. 茯苓

茯苓为多孔菌科真菌茯苓的干燥菌核。味甘、淡，性平，归肾经、脾经、心经。具有润肤生发、利水渗湿、健脾补气的功效。可调节人体免疫功能，促进新陈代谢。具有安神定志、润泽肌肤的功效，利于美容。

《姚僧坦集验方》有茯苓敷面剂的记载：将茯苓研制成极细的粉末，用白蜂蜜调制成膏状。睡前敷于面部，晨起洗去。有治疗面色黯黑，色斑的功效。

3. 芦荟

芦荟为百合科植物好望角芦荟、库拉索芦荟的汁液经浓缩后的干燥品。味苦，性寒，入脾经、心经、肝经，具有清热除烦、解毒润肤的功效。《驻颜有术偏验方》中记载：芦荟250 g，煎汁后加入润湿剂等。敷于面部对皮肤有清洁滋润的功效，同时可减少皱纹，消除瘢痕、斑点。

4. 何首乌

何首乌为蓼科植物何首乌的块根，味甘、苦、微涩，性微温，归肾经、肝经。有补肝肾、益精血、黑鬓发、悦颜色的功效，是滋补乌发的良方。《中国美容之秘》中载有何首乌粥一方：何首乌30～60 g，粳米100 g，大枣3～5 g，将何首乌浓煎去渣，可治头发枯黄。

第二节　中草药化妆品的发展史

一、中草药化妆品的起源与发展

中草药化妆品在我国具有悠久的历史，据相关文献记载，殷周时期已用燕地红兰花叶捣碎取汁凝做脂(胭脂)来饰面。春秋时期,古人把上好的米磨成米粉,经染制成红粉后进行敷面。

唐代由于经济繁荣、政治稳定。人们对美有了更高的需求,美容之风盛行。美容行为由原来的简单美容术向养颜护肤与调节整体生理功能的方向发展。据相关史书记载,武则天命御医炼制益母草并用其来敷面,可使皮肤滋润、细嫩,所以武则天八十岁高龄时,仍然保持美丽的容貌。证明中草药化妆品具有独特的美容功效。唐代宫廷中使用的面膜是由名贵的中草药提炼而成,其中有人参、白玉、珍珠等材料,宫廷面膜是将这些材料研制成粉,并配上上等藕粉调和而成。此类面膜不仅可以使皮肤光泽、白嫩且富有弹性,还可深层清洁坏死的细胞和毛孔深处的污垢。

元代《御药院方》中就有美容系列方法的相关记载,即宫廷美容三联方。此方是由楮实散、桃仁膏以及雨屑膏三个单方组成。第一个单方用于洁面,第二个单方用于洁面之后的敷面,第三个单方用于在敷面后涂于面上。三个单方依次连续使用,与当今的洗面奶、营养面膜以及护肤品等系列美容化妆品的联合使用方法如出一辙,所以被称为美容三联方。

清代宫廷御方中有慈禧太后用于治疗颜面粗糙、黑斑以及具有美白功效的玉容散的记载。玉容散是由白蔹、白牵牛、白丁香、甘松、白细辛、白莲蕊、白芷、白茯苓、白术、白附子、白僵蚕、白扁豆、白及各一两,珍珠二分,防风、独活、檀香、羌活、荆芥各五钱,合并研磨成极细的粉末,再加上一两绿豆粉混合均匀而成的。

当代社会随着人们对健康关注度的提高,有美容护肤的作用且对人体健康无副作用的天然化妆品备受爱美人士的关注。中草药提取物因其具有作用温和、刺激性小及疗效显著等特点已被作为化妆品的添加剂广泛地应用于美容护肤化妆品的生产中。

新中国成立后,各地相继建起了一些化妆品生产厂,1956 年我国有化妆品生产厂 288 家,产值 5678 万元。但由于中国人民长期受封建思想的影响,化妆品在一般人的眼里是一种奢侈品,加之人民生活水平不高,使化妆品的发展十分缓慢。资料表明,20 世纪 70 年代全国化妆品生产厂只有 50 家,1980 年我国人均化妆品消费才 0.20 元,全国化妆品的产值不足 2 亿元。据统计,1985 年销售额约为 10 亿元,1990 年销售额约为 30 亿元,1996 年销售额约为 220 亿元,1997 年约为 253 亿元,平均增长率超过 30%。2000 年我国化妆品行业有 2500 余家企业,从业人员达 2000 多万,年总产值达 320 亿元左右。2003 年我国化妆品工业产值约为 450 亿元,并以年均 23.5%的速度高速增长。

如今中国的化妆品品种琳琅满目,许多好的产品还畅销国外,如北京生产的特效生发灵、四肢脱毛露、强力防晒霜、抗皱增白奶液、速消眼角皱纹蜜等。我国的中草药化妆品生产也有了很大的飞跃,各式各样的中草药化妆品令人眼花缭乱,中草药肤用类化妆品有柠檬(黄瓜、丝瓜、西瓜)洗面奶、珍珠粉底霜、人参润肤露、芦荟嫩肤霜、田七防晒霜、蜂蜜抗皱增白奶液等。中草药发用类化妆品有茶籽洗发精、首乌护发素、靛蓝染发剂、定型膏等。中草药牙用类化妆品有田七牙膏、两面针牙膏、西瓜霜牙膏、冷酸灵牙膏等。自古以来就有"植物医生"和"天然美容师"美称的芦荟,目前与其相关的产品有 30 多种,预计未来 5~8 年芦荟化妆品的销售额将达到 80 多亿元,是目前芦荟产品产值的 80 倍。随着经济建设的发展,人民的物质文化水平越来越高,对化妆品的需求量也越来越大,对中草药化妆品的期望值也更高,中草药化妆品将会以更快的速度发展。

据预测,到 2020 年,国内化妆品市场将会出现以下四大格局。

(1) 化妆品市场继续升温。目前,全国各地的美容院有数百万家之多,但是,许多美容院使用的化妆品质量令人担忧。化妆品企业应抓住这一机遇进行产品结构调整，与广大消费者、美容服务机构一起将专业美容化妆品推向新的高潮。

(2) 天然化妆品市场备受青睐。如一些含芦荟、维生素的营养化妆品，尽管价格较高，但很畅销。新一代天然配方中含有海洋植物、中草药、热带雨林作物等添加成分的化妆品正在流行。用生物工程学和仿生化学技术开发的功能性物质作为化妆品原料，更是市场发展的趋势。

(3) 儿童化妆品市场方兴未艾。虽然国内化妆品厂家生产的儿童化妆品在价格方面有很强的竞争力，但在品种系列方面竞争力相对较弱。许多年轻的父母围着儿童化妆品柜台转，总难看到自己满意的产品。由此看来，这一市场的潜力巨大。

(4) 中老年化妆品市场值得关注。借助化妆品来延缓衰老和抗衰老已经成为一项重要的研究课题。目前，我国 50 岁以上的中老年人需要的与其说是有抗衰老功能的，倒不如说是适合老年人皮肤特点的化妆品。因此，如何有针对性地根据中老年人心理和实际需要研制和销售化妆品，是启动这一庞大的市场时值得考虑的。

二、中草药化妆品的现状与研究进展

随着社会的进步，中草药化妆品已从奢侈品发展成为人类增香添美的生活必需品。当前，研究人员的研究重点是如何采用多种方法和手段，运用新技术和新设备，把中草药制成适宜的化妆品，以提高中草药化妆品的稳定性、有效性和安全性，改善中草药化妆品的色香味。

（一）随社会的需要而变化

化妆品是一种时髦的日用化工产品，它与社会的需求密切相关，随着社会的需要而变化。例如，近年来人们关心长寿，提倡运动，讲究美容，因此市场上出现了许多新型的中草药化妆品，如防晒霜、除臭水、减肥凝胶、健胸霜等。由于化妆品属于流行产品，更新换代特别快，因此要不断创新，开发新品种、新配方、新剂型，从而提高产品的竞争力，迎合消费者的心理，满足市场的需求。

（二）原料趋向天然化

随着人们对健康的关注度越来越高，回归自然，使用天然化妆品是化妆品行业发展的主流和趋势。

（三）生产趋于自动化

目前，化妆品的生产和测试已经实现机械化或自动化。从中草药有效成分的提取分离到中草药化妆品的制备生产，从中草药化妆品的定量包装到中草药化妆品的质量检测，均实现了生产机械自动化流水线，检测设备精密微量化。例如：以丁家宜品牌为主的系列生物美白产品，拥有成套现代化的制膏机和真空乳化机，可以满足 20 亿元产值的产品生产；在生产化妆品时采用超声波乳化机，在分析化妆品时采用色谱分析法、质谱分析法、核磁共振法等。这种自动化的生产线与精密的分析方法既节省了劳动力，也提高了生产效率，保证了产品质量。

（四）新技术的研究与应用

1. 超细粉碎技术

对某些中草药进行超细粉碎，有利于发挥有效成分在化妆品中的功效。将原生药材粉碎成 5～10 μm 的超细粉末，使细胞内的活性成分等直接暴露出来，活性成分的溶出不必经过浸提过程，而是溶解、胶溶或洗脱过程；对于无细胞结构的药材、矿物类药材、某些难溶性化学药物经超细或超微粉碎处理，可提高药物细度，增大其比表面积，使溶解速率增大，功效提高。

2. 浸提技术

(1) 超临界流体萃取(简称 SFE)：SFE 是 20 世纪 80 年代发展应用的一种集萃取、分离于一体的分离技术。以 CO_2 为超临界流体的称超临界二氧化碳流体萃取($SFE\text{-}CO_2$)，该法效率高、速度快、选择性好、无残留溶剂。比如，植物性天然香料可以用水蒸气蒸馏法、压榨法、浸提法、吸收法获得，但这些方法存在效率低等不足，而采用 $SFE\text{-}CO_2$ 则可解决这些问题。

(2) 超声提取法：超声提取法是利用超声的空化作用、机械作用、热效应等增大物质分子运动频率和速度，增加溶剂的穿透力，从而提高药物有效成分浸出率的方法。这种方法具有省时、节能、提取效率高等优点，是一种快速、高效的提取新方法。

3. 分离纯化技术

(1) 膜分离法：膜分离法是根据体系中分子的大小与形状，通过膜孔的筛分作用进行分离的技术。对中草药提取液进行超滤法处理，能除去杂质、微粒，提高药液的澄清度，保留有效成分，从而提高化妆品的质量。

(2) 高速离心法：高速离心法是通过离心机的高速运转，使离心加速度大大超过重力加速度，使药液中的杂质加速沉淀，得到澄清药液的一种方法。这种方法具有省时、省力、药液澄清度好、有效成分损失少等优点。

4. 包合技术

(1) 环糊精包合技术：β-环糊精是一种超微型载体。其原料是环糊精，化妆品中的活性成分被包裹或嵌入环糊精的筒状结构内形成超微粒分散物，因此可以提高成分的溶解度、提高稳定性、防止挥发性成分逸散等。在中草药化妆品制备中，常用于包合挥发性成分。

(2) 微型包囊技术：微型包囊技术是利用天然的或合成的高分子材料将固体或液体成分包裹形成 1～500 μm 微小胶囊的技术。化妆品中的药物或其他物质微囊化后，可延长其功效，提高稳定性，掩盖不良气味等。

(3) 脂质体包载技术：脂质体包载技术是将药物或其他有效成分包封于类脂质双分子层内并形成微型小囊的技术。化妆品中的药物或其他物质包封成脂质体后，有护肤、美容的功效，可提高功效或延长其作用时间，提高稳定性。

5. 生物技术

生物技术的发展对中草药化妆品有极大的促进作用。人们可以从分子生物学为基础的现代皮肤生理学逐步揭示皮肤受损和衰老的生化过程，利用仿生方法，生产出有效的抗衰老产品，从而延缓或抑制引起衰老的生化过程，恢复或加速保持皮肤健康的生化过程。因此，这些仿生方法已成为发展高功能化妆品的主要方向之一，推动了化妆品的发展。生物技术产品如表皮生长因子、透明质酸、超氧化物歧化酶等在化妆品中得到了日益广泛的应用。

6. 纳米技术

纳米是一种几何尺度的量度单位，长度仅为 10^{-9} m，等于四五个原子排列起来的长度。纳米技术是指制造体积不超过数百个纳米的物体，其宽度只有几十个原子聚集在一起的宽度。采用纳米技术研制的化妆品，其独到之处在于通过纳米技术将化妆品中最具功效的成分进行特殊处理成纳米级的微小结构，使其顺利渗透到皮肤内层，事半功倍地发挥护肤、疗肤的作用。形象地说，纳米化妆品就是将对皮肤起作用的膏体成分尽量处理成细小的“沙粒”，使其能够轻而易举地透过皮肤上的“筛孔”，进入真皮层，从而被吸收。

（五）品种趋向系列化

近年来，化妆品的生产在质量上趋向高档化，在花色品种上趋向系列化。此外，生产厂家还从包装上下功夫，不仅扩大了影响，而且拥有了更多的消费者。例如，我国上海家用化学品厂目前生产露美、蓓蕾、明星、友谊、美加净等系列化妆品。其中，美加净成套化妆品是由发乳、药性发乳、爽发膏、药性爽发膏、头蜡、药性头蜡、调理洗发精、洗发精、人参防皱霜、营养霜、粉底霜、清洁霜、银耳珍珠霜、蜂王霜、雪花膏、高级精装香水、龙凤香水、高级刻花香水、银耳珍珠水、高级花露水、古龙水、奎宁水、指甲油、粉饼、唇膏、眉笔等二十多个产品组成的。

成套化妆品的主要品种大致是由基础化妆品和美容化妆品组成。成套化妆品的特点是包装设计、造型和线条成系列，色彩大方，再配上礼盒，是馈赠亲友的佳品，也是居室陈设的装饰艺术品。

第三节　中草药化妆品的作用与分类

一、中草药化妆品的作用

1. 清洁作用

如清洁霜、洁面乳等。

2. 保护作用

如雪花膏、防晒霜等。

3. 美化作用

如粉底液、指甲油等。

4. 营养作用

如金华素、珍珠霜等。

5. 特殊功能作用

如雀斑霜、粉刺霜等。

二、化妆品的分类

（一）普通化妆品的分类

化妆品的种类繁多且形状、形态交错，很难科学系统地进行分类。目前国际上对化妆品还没有统一的分类方法，各国则根据本国的情况进行分类，方法也各有差异。

按照我国化妆品生产、销售和有关化妆品法规的实施情况，我国化妆品一般分为七大类，即护肤类、发用类、美容类、口腔类、芳香类、气雾剂类和特殊用途化妆品。其中，气雾剂类化妆品工艺特殊，有别于其他类别的化妆品；特殊用途化妆品必须经国务院卫生行政部门批准，取得批准文号后方可生产。尽管这两类产品使用目的和部位等方面与其他类产品有交叉，但都独立列为一类产品较为合理。

1. 按使用目的分类

(1) 清洁皮肤用品：如洗面奶、沐浴露等。

(2) 保护皮肤用品：如雪花霜、日霜、晚霜、蜜类、隔离霜等。

(3) 营养皮肤用品:如人参霜、珍珠霜、蜂王霜、防皱霜等。

(4) 毛发类:清洁毛发用品,如珠光香波、膏状香波、粉状香波、透明香波、调理性香波、剃须膏等;保护毛发用品如发油、发蜡、发乳、喷雾发胶、护发素等。

2. 按使用部位分类

(1) 肤用化妆品:如洁面乳、柔肤水、早霜、晚霜等。

(2) 发用化妆品:如洗发香波、护发素、发油、发蜡等。

(3) 唇、眼用化妆品:口红、睫毛膏、眼影膏、眉笔等。

(4) 指甲用化妆品:如指甲油、卸甲水等。

3. 按剂型分类

(1) 液体化妆品:如柔肤水、爽肤水、香水等。

(2) 膏霜类:如隔离霜、珍珠霜、护肤乳液等。

(3) 粉类:如腮粉、痱子粉等。

(4) 块状:如粉饼等。

(5) 棒状:如口红、固体香水等。

(二) 中草药化妆品的分类

在我国目前可以作为化妆品原料的中草药有 300 余种,按作用可分为以下几类。

(1) 营养皮肤类:代表有枸杞子、人参、黄芪、玄参、三七、地黄、当归、桔梗、泽泻、薏苡仁、何首乌和天花粉等,这些原料都含有大量的蛋白质、氨基酸、维生素和微量元素等,有调节人体免疫功能、物质代谢和分泌的功能,抗脂质过氧化及清除自由基、调节钙通道、调节中枢神经系统功能、延缓细胞衰老的作用。

(2) 保护皮肤类:如芦荟、黄芩、鼠李、芦根、当归、薏苡仁等,这类中草药含有一些特殊的化学成分,具有显著的防晒和抑菌等作用,可以有效地保护皮肤,防止皮肤被阳光晒黑,并能预防日光性皮炎、剥脱性皮炎。

(3) 美白皮肤类:如当归、川芎、红花、赤芍、乌梅、柠檬等,这类中草药在医学上属于祛风湿、补益脾肾及活血化瘀药,具有一定的抑制酪氨酸酶的活性,促使黑素还原、阻碍黑素的生成物合成等作用,因此能够美白亮肤。此外一些含有有机酸的中草药,对皮肤角质有轻微的剥脱作用,因此也能够美白。

(4) 育发乌发类:如川芎、银杏、何首乌、五味子等,这类中草药多属于清热解毒、补益活血药,还有一些具有收涩作用,前者通过去屑、补益活血来促进毛发的正常生长,并由灰、黄、白转黑。具有收涩作用的中草药多富含肉质和有机酸,与美发方剂中的铁、铜等元素合用,主要起染发的作用。

(5) 瘦身健美类:如金缕梅、甘草、绞股蓝、银杏、茶叶、陈皮、牛蒡子、防己、大黄等,这类中草药的作用机制是加速局部代谢、润肠清泻,促进脂肪排泄。

(6) 香料香精类:如肉桂叶油、苍术油、丁香油、小茴香油、云母香油等,这类中草药含有丰富的挥发油,具有特殊的香味。可以通过提取用作化妆品中的香料。此外很多香料可以调节人体神经,有安神助眠的作用。

(7) 防腐抗氧化类:如黄芩、黄柏、牛膝、虎杖、白芍、薄荷、白花蛇舌草等,这类中草药有明显防腐抗氧化的作用,而且安全无害。

(8) 乳化类:如甘草、知母、蚤体、麦冬、土茯苓、酸枣仁等,这类中草药含有较多的皂苷类物质,具有较好的乳化作用。

(9) 着色类：如姜黄、红花等，由于化妆品中的色素应该是无毒、安全、无副作用的，若有可能吞咽入体内，如口红色素等，则应该符合《食品添加剂使用卫生标准》。

第四节　中草药化妆品的特性

一、中草药化妆品的安全性

由于化妆品的性能或使用者的体质不同等原因，皮肤有时会出现中毒现象，其表现为致病菌感染、一次刺激性、异状敏感性。

化妆品安全性资料包括急性毒性实验报告、急性皮肤刺激性实验报告、多次重复刺激实验报告、应变性实验报告、光毒性实验报告、光变性实验报告、眼刺激性实验报告、致诱变性实验报告和人体斑贴实验报告。

影响化妆品安全性因素有配方的组成、原料的选择及纯度和原料组分之间的相互作用。

二、中草药化妆品的疗效性

现代研究结果表明，许多中草药及动物制品具有确切的防治皮肤病、增强皮肤营养和防止紫外线辐射的功能，对于多脂、干燥皲裂、色斑、粉刺、皱纹等皮肤异常现象有明显的疗效，同时还能促进皮肤、毛发中毛细血管的血液循环，提高皮肤、毛发的营养供应，增强皮肤弹性，减少皮肤角化及色素沉着，防止皮肤毛发功能减退，从而达到美容、延缓衰老的目的。因此中草药化妆品具有独特功效，其功效为清洁作用、保护作用、营养作用、美化作用、防治作用等。

中草药化妆品的独特功效已深入人们的日常生活。其作用可概括为以下几点。

1. 保护作用

中草药化妆品能保护皮肤、毛发、口唇等处，增强分泌功能，使其柔软、滋润、光滑、富有弹性，能够抵御紫外线辐射、寒风烈日等的侵害，防止皮肤皲裂、毛发枯断、口唇干裂。如润肤霜、防晒霜、护发素、润唇膏等。

2. 营养作用

中草药化妆品能补充皮肤、口唇、眼部、毛发等处的营养，保持水分平衡，减少皮肤皱纹和延缓衰老，或能促进毛发生长。

3. 美容作用

中草药化妆品能美化皮肤、口唇、眼部、毛发等，从而增加魅力。如胭脂、唇膏、眼影、香水、摩丝等。

4. 防治作用

对于皮肤、毛发、口腔、牙齿等部位能影响外表或功能的生理病理现象，中草药化妆品有一定的防治作用。如生发水、祛斑霜、除臭剂等。

三、中草药化妆品的质量稳定性

中草药化妆品的稳定性是指化妆品在生产、运输、储藏、周转、实际应用的一系列过程中质量变化的速度和程度。稳定性是评价中草药化妆品质量的重要指标之一，也是确定化妆品有效期的主要依据。

中草药化妆品的稳定性变化包括化学、物理学和生物学三个方面。化学稳定性变化是指化妆品由于水解、氧化等化学降解反应,使功效降低、色泽产生变化等。物理学稳定性变化是指化妆品的物理性状发生变化,如润肤露发生分层、破裂,香水出现混浊、沉淀等。生物学稳定性变化是指化妆品由于受到微生物的污染导致腐败、变质等。各种变化可单独发生,也可同时发生。中草药化妆品的稳定性若发生变化,不仅可影响其外观,而且还可导致功效降低,甚至会产生或增加毒副作用,危及消费者的健康和生命安全。因此,中草药化妆品的稳定性对于保障其实际应用的有效和安全是非常重要的。

四、中草药化妆品的使用性

中草药化妆品一般涂搽在人的皮肤表面,与人的皮肤长时间接触。良好的化妆品能起到清洁、保护、美化皮肤和修饰作用,还给人以舒适的感觉和美的享受。相反,如果使用不当或使用劣质化妆品,会引起不舒服的感觉,甚至出现皮肤炎症或其他疾病。因此,研制化妆品时要考虑到人体的舒适性。

第二章　中草药化妆品的原料

制备中草药化妆品所需要的原料品种很多，根据其用途与性能，可分为基质原料、辅助原料和药物原料。

第一节　基 质 原 料

基质原料是构成中草药化妆品基体的物质原料，主要起成型、稀释、载体作用，在化妆品配方中占有较大的比重。常用的有油脂类、蜡类、粉末类和溶剂类等。

一、油脂原料

制造化妆品时所使用的油脂，是油和脂肪的简称，油在常温下呈液态，脂肪在常温下呈固态或半固态。油脂广泛地存在于天然动植物界，其主要成分是高级脂肪酸的甘油三酯，甘油三酯是制造化妆品的良好原料。

油脂类基质原料的特点：油脂能使皮肤细胞柔软，增加其吸收力；形成疏水薄膜，能抑制表皮水分的蒸发，防止皮肤干燥、粗糙；油脂涂布于皮肤表面能避免机械和药物引起的刺激，从而起保护作用；油脂能抑制皮肤炎症，促进剥落层表皮形成；具有润滑作用；作为乳化体的油相，作为色素、防腐剂、香料的溶剂。

油性原料的理化指标有以下几个。

(1) 色泽气味：由于油性原料普遍含有类胡萝卜素，天然油脂和蜡根据其精制程度呈淡黄色至黄褐色。纯净的油性原料一般是无色、无味、无臭的中性脂肪。

(2) 溶解性：密度小于 1 g/cm^3，不溶于水，易溶于乙醚、石油醚、氯仿、苯等有机溶剂。

(3) 熔点：反映油脂、蜡的化学结构和组分，赋予产品稠度，影响产品使用时的延展性。油脂、蜡是混合物，无恒定的熔点(凝固点)和沸点，仅有一个取值范围。

(4) 酸值：中和 1 g 油脂中的游离脂肪酸所需要的氢氧化钾的毫克(mg)数。油脂存放时间较久，会水解产生部分游离脂肪酸，故酸值也标志着油脂的新鲜程度。酸值越大，说明油脂酸败程度越严重。一般新鲜油脂的酸值在 1 以下。

(5) 碘值：每 100 g 油脂能吸收碘的克数。油脂中含的不饱和脂肪酸与碘可发生加成反应。碘值表明油脂的不饱和程度，碘值越大，不饱和程度越高。据碘值大小将油脂分为：①不干性油(小于 100)；②半干性油(100～130)；③干性油(大于 130)。

(6) 皂化值：使 1 g 油脂完全皂化所需要的氢氧化钾的毫克(mg)数。皂化值表明油脂中脂肪酸的含量，并与油脂中脂肪酸的相对分子质量成反比。一般油脂的皂化值为 180～200。

（一）植物性油脂

1. 蓖麻油

(1) 来源：蓖麻油是由去壳的蓖麻子仁冷榨得到的油。

(2) 理化性质：无色或淡黄色黏稠状液体，溶于乙醇、乙酸。密度为 0.950～0.974 g/cm^3(15 ℃)，黏度为 293.4 厘泊，密度和黏度较任何植物油都大，其凝固点为 10～13 ℃，皂化值为 176～187，碘值为 80～90，属于非干性油。

(3) 主要成分：蓖麻油酸甘油酯，蓖麻油中含蓖麻酸甘油酯 90%左右。

(4) 用途：蓖麻油可用于制造透明肥皂、发蜡、口红以及其他化妆类产品。

2. 橄榄油

(1) 来源：橄榄油是由橄榄果肉加热榨取或用溶剂提取的油。

(2) 理化性质：橄榄油为淡黄色液体，有令人愉快的香味，密度为 0.915～0.919 g/cm^3(15 ℃)，凝固点为 0～6 ℃，皂化值为 185～196，碘值为 76～88，属于非干性油。

(3) 主要成分：油酸、软脂酸和亚油酸的甘油酯。

(4) 用途：橄榄油可作食用或化妆品用油。在化妆品中可用作发油、口红、防晒剂、按摩油、膏霜类和乳液类的油性成分，也可用于加工肥皂。

3. 杏仁油

(1) 来源：杏仁油是由杏核仁压榨而得的非干性油。

(2) 理化性质：油色淡黄，微有杏仁香。杏仁油的密度为 0.915～0.921 g/cm^3(15 ℃)，凝固点为－20～－14 ℃，皂化值为 193～215，碘值为 100～108.7。

(3) 主要成分：油酸、软脂酸和亚油酸的甘油酯。杏仁油主要由油酸组成，其中油酸约占 80%。

(4) 用途：杏仁油可用作按摩油、膏霜类和乳液类的油性成分。欧美在制作化妆品时，特别喜欢用杏仁油。

4. 椰子油

(1) 来源：椰子油是从椰子的种子中提取的淡黄色液体。

(2) 理化性质：具有一种特殊的汗臭味，对皮肤有刺激性，密度为 0.917～919 g/cm^3，凝固点为 20～28 ℃，皂化值为 250～264，碘值为 8～12。

(3) 主要成分：椰子油主要是由月桂酸、豆蔻酸和油酸的甘油酯组成。

(4) 用途：椰子油可用于制备肥皂、乳膏类化妆品，还可用作口红、眉笔的油性成分。

（二）动物性油脂

动物性油脂一般含有高度不饱和脂肪酸，碘值高，色泽差，有特殊的臭味，所以只有少数动物油脂可以用于各类化妆品中。

1. 水貂油

(1) 来源：水貂油是从水貂皮下脂肪中提取的脂肪油。

(2) 性质：水貂油对人体皮肤有较好的亲和性，油性小。

(3) 用途：优质的发油原料。目前，用途已逐步扩大到婴儿用油，也可用作各种膏霜类化妆品的油性成分。

2. 蛋黄油

(1) 来源：蛋黄油是用溶剂从新鲜蛋黄中提取的脂肪油。

（2）主要成分：脂肪油和磷脂，同时含有大量的卵磷脂和维生素 A、维生素 D、维生素 E 等。

（3）用途：蛋黄油可用作营养霜的油性成分。

3. 羊毛脂

（1）来源：又名羊毛脂肪，是附着于羊毛上的呈淡黄色或黄褐色黏稠的分泌物。1889 年里波拉氏将羊毛脂肪精制后命名为羊毛脂。

（2）理化性质：羊毛脂不溶于水，密度为 0.924 g/cm^3（40 ℃），熔点为 38～42 ℃，皂化值为 88～99，碘值为 18～36。

（3）主要成分：高级醇类和大约等量脂肪酸所生成的酯。

（4）用途如下。

①羊毛脂对皮肤有较好的亲和性，软化效果好，在膏霜类、乳液类、口红、发油、发蜡等产品中已得到广泛应用。

②羊毛脂除去固体成分为液体羊毛脂，对人体皮肤的亲和性、渗透性、扩散和柔软作用较好，可用于婴儿用油、液状美容化妆品以及毛发制品等。

③羊毛脂除去液体成分后，再用溶剂分别结晶取得的产品为硬质羊毛脂，其熔点为 50～60 ℃。硬质羊毛脂为蜂蜡一样的硬质蜡，用于口红或香发蜡中能增添光泽感。

④羊毛脂加氢为氢化羊毛脂，氢化羊毛脂为白色蜡状固体，其保水性是羊毛脂的 1.5 倍，乳化性能强，可用作膏霜和乳液的油性成分，也可应用于口红等各种产品中。

⑤在羊毛脂的游离脂肪酸和羟基上加成环氧乙烷所得的产品是聚氧乙烯羊毛脂。根据环氧乙烷加成的数目不同，其产品可由水分散性变成水溶性。在水分散性产品中加入少量乙醇即成透明状态，能用于膏霜、香波或化妆水等各类产品中。

二、蜡类原料

蜡类原料根据其来源和性能可分为植物性蜡、动物性蜡和矿物性蜡。蜡的主要成分是高级脂肪酸伯醇酯，其中还含有游离脂肪酸、游离醇、烃类、树脂等。蜡类原料是制造唇膏等美容化妆品的重要原料。

蜡类基质原料的特点：作为油性原料，调节黏稠度；作为固化剂，增强化妆品的稳定性，提高液体油脂的熔点，改进其软化性质、使用感觉，赋予产品光泽，提高其商品价值；可在皮肤表面形成防水膜，防止皮肤表面水分蒸发。

（一）植物性蜡

1. 巴西棕榈蜡

（1）来源：巴西棕榈蜡简称巴西蜡，是从南美巴西产的棕榈树叶中浸取而得。

（2）理化性质：纯品为淡黄色，是具有臭味的非结晶性硬脂块状物。密度为 0.995 g/cm^3，熔点为 84～86 ℃，皂化值为 78～95，碘值为 5～14，它是化妆品原料中硬度最高的一种天然蜡。

（3）主要成分：棕榈酸蜂蜡酯和蜡酸。

（4）用途：可用于口红、染睫毛固体油等锭状化妆品中。

2. 小烛树蜡

（1）来源：小烛树蜡是从墨西哥北部，美国加利福尼亚州、得克萨斯州南部产的小烛树的茎中提取的。

(2) 理化性质:其密度为 0.982～0.986 g/cm³(15 ℃),熔点为 66～71 ℃,皂化值为 47～64,碘值为 19～44。

(3) 用途:小烛树蜡和巴西棕榈蜡一样,同蓖麻油的相溶性很好,多用作锭状化妆品的固化剂,也可用作光泽剂。

(二) 动物性蜡

1. 蜂蜡

(1) 来源:又称蜜蜡,是由蜜蜂腹部的蜡腺分泌出来的脂肪性物质。

(2) 理化性质:蜂蜡一般为黄色到灰黄色的蜡状固体,密度为 0.953～0.970 g/cm³,熔点为 62～66 ℃,皂化值为 80～100,碘值为 5～15。

(3) 主要成分:酸类、游离脂肪酸、游离脂肪醇和碳水化合物。此外,还有类胡萝卜素、维生素 A、芳香物质等。由于蜜蜂的种类以及蜜蜂采蜜的花卉种类不同,蜂蜡的品质亦各异。根据蜂蜡的品质不同,可分为欧洲产和东亚产两大类。

(4) 用途:由于蜂蜡熔点高,且呈黏稠状,故可用于口红、发蜡等锭状化妆品,其中以东亚产的蜂蜡较为适用。欧洲产的蜂蜡可作为油性膏霜类化妆品的油性成分,特别是和硼砂反应后生成的虫蜡酸钠,可用作乳化剂,能制备出色泽较白的膏霜。

2. 鲸蜡

(1) 来源:由抹香鲸头部提取出来的油腻物冷却和压榨而得到的固体蜡。

(2) 理化性质:精制后色白、无臭、有光泽。密度为 0.945～0.960 g/cm³(15 ℃),凝固点为 41～49 ℃,皂化值为 118～135,碘值不超过 5,可溶于乙醚和二硫化碳等有机溶剂。

(3) 主要成分:鲸蜡的主要成分是棕榈酸十六酯、月桂酸和豆蔻酸等。

(4) 用途:棕榈酸十六酯极易乳化,故可用于膏类或口红等锭状化妆品中。

三、粉末类原料

粉末类原料是组成香粉、爽身粉、胭脂等化妆品的基本原料,主要起遮掩、滑爽、吸收等作用。

化妆品用粉末类原料的要求有以下几个。

(1) 99.9%以上颗粒能通过 300 目分子筛。

(2) 重金属含量小于 20 mg/kg,砷含量小于 2 mg/kg。

(3) 水分含量低于 2%,不能对皮肤有任何刺激性。

(4) 要求每克粉末类原料含杂菌数小于 10 个,不得检出致病菌。

(5) 原料色泽洁白,无臭味。

(6) 碳酸钙水溶液的 pH 值小于或等于 8.5。

1. 钛白

钛白又名钛白粉,学名二氧化钛,是一种无臭无味的白色粉末,不溶于水,密度为 3.8～3.95 g/cm³,化学性质稳定,是世界最白的物质。钛白的着色力是锌白的 4 倍,遮盖力是锌白的 2～3 倍。在白色颜料中钛白的着色力和遮盖力都是最强的,故可用作香粉和防晒化妆品的原料。

2. 锌白

锌白又名锌氧粉,其主要化学成分为氧化锌,是一种白色不定型粉末,密度为 5.606 g/cm³,可与油脂原料调制成乳剂,具有较强的着色力和遮盖力。此外,它还具有收敛性和杀菌作用，可用作粉类或防晒化妆品的原料。

3. 滑石粉

滑石粉是一种含水硅酸镁的矿物粉末，其主要成分为 $3MgO \cdot 4SiO_2 \cdot H_2O$。纯品性状为纯白、银白、粉红或淡黄色细粉，性柔软而有滑腻感，密度为 2.7～2.8 g/cm^3，不溶于水，化学性质较稳定。滑石粉是由天然滑石加工磨细制成，有良好的润滑性、伸展性和抗酸碱性，是香粉、爽身粉的主要原料。

4. 赭石粉

赭石粉是一种棕色或红色的微细粉末，其主要成分是以氧化铁为主的各种金属氧化物与黏土的混合物，可用作粉类制品的原料。

5. 高岭土

高岭土又称白土或瓷土，它是一种高岭矿物石煅烧制成的微细晶体粉末，其主要成分为 $Al_2O_3 \cdot 2SiO_2 \cdot 2H_2O$，一般为珍珠光泽，颜色纯白或淡灰色，不溶于水，密度为 2.54～2.60 g/cm^3。高岭土的吸水性、吸油性以及对皮肤的附着力等性能都很好，在香粉中应用广泛。

6. 膨润土

膨润土又名斑脱岩，为白色、粉红色或淡棕色的土状粉末，其主要成分为含水的铝硅酸盐矿物。膨润土与水有很强的亲和力，能吸收约15%的水分，但在加热后又会失去吸收的水分，在碱或肥皂存在时能生成凝胶，应用于化妆品中可有清爽的感觉。因此，可以广泛应用于粉类、膏乳制品中。

7. 碳酸钙

碳酸钙是无臭、无味的白色粉末，其化学式为 $CaCO_3$，密度为 2.71～2.95 g/cm^3，不溶于水，溶于酸可放出二氧化碳，加热至 825 ℃则分解，可生成氧化钙和二氧化碳。

碳酸钙产品有轻质碳酸钙和重质碳酸钙之分。两种碳酸钙的化学成分相同，均可用作牙粉或牙膏的摩擦剂。

8. 碳酸镁

碳酸镁是无臭、轻质的白色粉末，其化学式为 $MgCO_3$，密度为 3.037 g/cm^3，不溶于水，遇酸分解，可放出二氧化碳，在高温下可分解成氧化镁和二氧化碳。

碳酸镁通常由硫酸镁与碳酸钠作用而制得，常以碱式碳酸镁的形式存在。在化妆品中可用作牙粉、牙膏或粉扑的原料。

9. 磷酸氢钙

磷酸氢钙是白色、无臭、无味的单斜晶体或粉末，其化学式为 $CaHPO_4 \cdot 2H_2O$，密度为 2.306 g/cm^3，不溶于乙醇，稍溶于水，可溶于稀盐酸、硝酸及醋酸中，加热至 75 ℃时开始失水而成为无水磷酸氢钙。

磷酸氢钙是用磷矿、硫酸及纯碱制成磷酸氢二钠，再与钙盐作用而制得。在化妆品中主要用作高级牙膏的摩擦剂。

四、溶剂类原料

在浸提过程中，浸提溶剂的选用对浸提效果有显著的影响。浸提溶剂应对有效成分有较大的溶解度，而对无效成分少溶或不溶，安全无毒，价廉易得。常用的溶剂有水、乙醇、脂肪油、甘油与丙二醇等。

1. 水

水为常用的浸出溶剂之一。其特点为极性大、溶解范围广(生物碱盐类、苷类、有机酸盐、多糖、色素),经济易得。但选择性差,可浸出大量的无效成分,给制备带来困难,如过滤困难、易霉变等。

2. 乙醇

乙醇为常用的浸出溶剂之一。其特点为半极性,溶解性能介于极性与非极性溶剂之间,有选择性,即根据乙醇的不同浓度选择性地浸出有效成分。醇浓度越高,挥发油、游离生物碱、树脂等的溶解度越大。

20%乙醇浸出液具有防腐作用,40%以上乙醇的浸出液可以延缓许多药物的水解,如酯类、苷类等成分。但乙醇有药理作用,价格较贵,易燃。

3. 甘油与丙二醇

甘油与丙二醇均为良好溶剂。其特点为可溶解有机药物、生物碱、鞣质等。甘油在高浓度时具有防腐作用,但价格较贵。

除以上溶剂外,还有一些有机溶剂如丙酮、氯仿、乙醚等。但由于它们有强烈的生理作用,价格昂贵,使用不安全,且对植物细胞穿透力差,故在大量生产中基本不采用。

第二节 辅助原料

一、表面活性剂

物体相之间的交界面称为界面,液体或固体与气体间的界面通常称为表面。微粒间、液滴间与空气三者的各相间互相存在着复杂的表面或界面关系,如在化妆品的实际应用中,在固-气、液-气、固-液、液-液之间的接触面上会产生一定的表面张力。

凡能显著降低两相间表面张力(或界面张力)的物质,称为表面活性剂。

表面活性剂的分子结构中同时含有亲水性和疏水性两种性质不同的基团。亲水基团易溶于水或易被水湿润;疏水基团具有亲油性,亦称亲油基(图 2-1)。

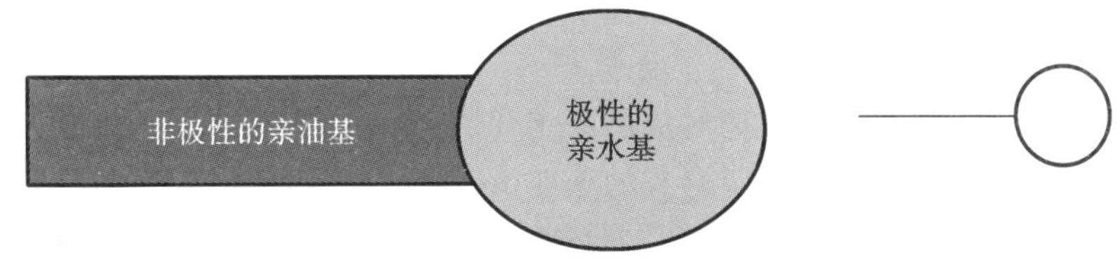

图 2-1 表面活性剂分子结构示意图

表面活性剂是一种两亲分子,当它在溶液中以很低的浓度溶解分散时,优先吸附在溶液的表面或其他界面上,使表面或界面张力显著降低,改变体系的界面状态(图 2-2)。当表面活性剂达到一定浓度时,即从界面转入到溶液中并缔合成胶团,从而产生增溶、乳化、润湿、分散、去污、起泡或消泡作用(图 2-3)。

(一) 阴离子型表面活性剂

阴离子型表面活性剂在水中解离,起表面活性作用的部分是阴离子,带负电荷。脂肪酸皂、磺酸型、硫酸酯型、磷酸酯型等均为典型的阴离子型表面活性剂。

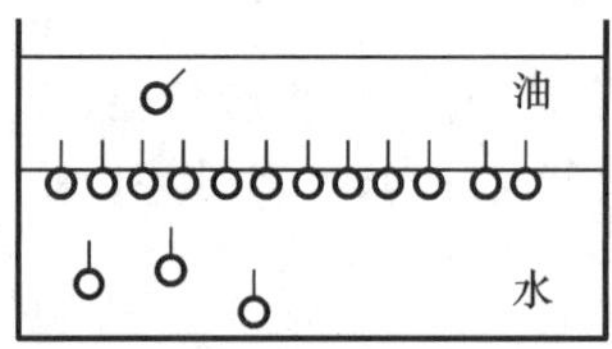

图 2-2　定向排列示意图

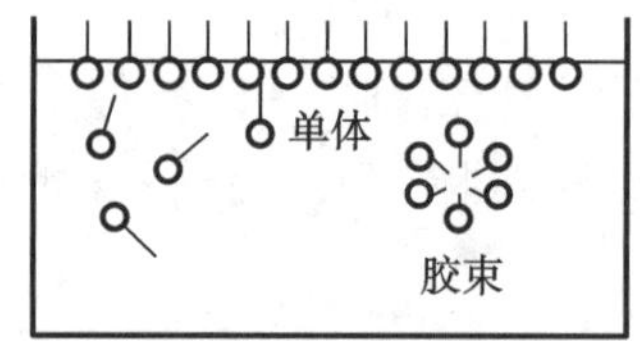

图 2-3　胶束形成示意图

1. 高级脂肪酸皂

高级脂肪酸皂是以牛油、椰子油、棕榈油为主的动、植物性油脂与碱水溶液一起加热皂化制得，可制造洗脸用肥皂、乳膏、剃须膏等。

2. 高级醇硫酸酯盐

高级醇硫酸酯盐是由鲸油中提取的鲸蜡醇、油醇，由植物油精制的高级脂肪醇，以及通过化学合成方法制取的合成高级醇等，经硫酸酸化后，用碱中和而制得的。这种表面活性剂是中性的，洗涤能力较好，对硬水稳定，发泡性适当，适用于香波和洗涤剂。

3. 高级醇磷酸酯

高级醇磷酸酯是用高级醇或高级醇的聚氧乙烯衍生物末端经过磷酸酯化而制得。分别有一酯、二酯和三酯，而商品磷酸酯表面活性剂则是它们的混合物。此类表面活性剂有较好的乳化作用，还有抗静电的作用。

4. 磺酸盐

比较典型的磺酸盐是烷基苯磺酸盐，它是由发烟硫酸、液体硫酸酐使烷基苯起磺化作用，然后用烧碱中和而制成。主要用作洗涤剂或化妆品中的分散剂。

（二）阳离子型表面活性剂

阳离子型表面活性剂在水中解离，起表面活性作用的部分是阳离子，即带正电荷，也称阳性皂。季铵盐是典型的阳离子型表面活性剂。

阳离子型表面活性剂在化妆品中不但具有去垢、乳化、增溶、溶解等作用，而且还具有抗静电干扰和杀菌等效能。采用阳离子型表面活性剂制成的护发剂，能在头发表面涂上一层薄层，使所带的静电得以中和，并使头发松散易梳。应用于化妆品中的季铵盐有十八烷基三甲基氯化铵和双十八烷基二甲基氯化铵。

（三）两性离子型表面活性剂

两性离子型表面活性剂在水中离解成阳离子和阴离子，可随介质的 pH 值变化成阴离子型或阳离子型，如天然的卵磷脂、人工合成的咪唑衍生物。卵磷脂主要用于乳液和乳膏中，能使皮肤有清爽痛快之感并具有柔软效能。咪唑类刺激性小，又能增加头发的光泽，同时具有抗静电和柔软效能，主要用于发用类化妆品中。

（四）非离子型表面活性剂

非离子型表面活性剂在水中不呈解离状态，其分子结构是由甘油、聚乙（烯）二醇和山梨醇等多元醇为亲水基，长链脂肪酸或长链脂肪醇以及烷基或芳基为亲油基，以酯键或醚键相结合而形成，如醚类、酯类、醚酯类。

非离子型表面活性剂的乳化能力和增溶能力都很好，多作为乳膏和乳液的乳化剂，也用作化妆水的增溶剂。

表面活性剂亲水亲油的强弱，可以用亲水亲油平衡值（hydrophile-lipophile balance

value,简称 HLB 值)表示。表面活性剂的 HLB 值越大其亲水性越强,HLB 值越小其亲油性越强。

不同 HLB 值的表面活性剂有不同的用途,表面活性剂 HLB 值范围及适用性如表 2-1 所示。

表 2-1 表面活性剂 HLB 值范围及适用性

HLB 值范围	适用性	HLB 值范围	适用性
0.8～3	大部分消泡剂	8～16	水包油型乳化剂
3～8	油包水型乳化剂	16～16	洗涤剂
7～9	润湿剂、铺展剂、渗透剂	15～18	增溶剂

表面活性剂在化妆品中的作用有以下几个。

(一) 增溶作用

表面活性剂在水溶液中形成胶束后,具有能使不溶或微溶于水的有机化合物的溶解度显著增大的作用,且溶液呈透明状,这种作用称为增溶作用。具有增溶能力的表面活性剂称为增溶剂,被增溶的物质称为增溶质。利用增溶剂吐温-80 提高香料或精油的溶解度,可以制成澄明的香水、花露水或古龙水。

(二) 乳化作用

由于油相和水相乳化时分散情况不同,可出现不同类型的乳化体。

(1) 水包油(O/W)型乳化剂:油呈小液滴状态被水包裹,内相是油,外相是水,如雪花膏、润肤膏、蜜类化妆品等,其特点是涂敷于皮肤上,润滑而不腻。

(2) 油包水(W/O)型乳化剂:水呈小液滴状态被油包裹,内相是水,外相是油,如冷霜、清洁霜、防晒霜等,其特点是涂敷于皮肤上,有油腻感。

(三) 润湿作用

液体在固体表面上的黏附现象称为润湿。表面活性剂可降低疏水性固体和液体之间的界面张力,使液体能黏附在固体表面上,从而改善其润湿性。具有润湿作用的表面活性剂称为润湿剂。应用润湿剂能改变固-液体系的润湿性质,以满足各类化妆品生产的需要。

(四) 起泡和消泡作用

起泡作用是表面活性剂的重要作用之一。泡沫是气体(不连续相)分散于液体(连续相)中的分散体。泡沫与化妆品的关系很密切,某些化妆品需要利用泡沫的特性来发挥其功效,如泡沫浴剂、香波、护发摩丝、牙膏等。

消泡作用是表面活性剂的另一作用。泡沫的生成有时不利于化妆品的生产,如染发剂中气泡的存在,会加速染料中间体的氧化,降低有效期,影响其功效。常利用表面活性剂的消泡作用来消除泡沫对乳化、混合、固体分散等工艺带来的影响。

二、保湿剂

保湿剂又称滋润剂,是能够保持皮肤滋润、防止表皮角质层水分损失的物质。

理想的保湿剂应有以下功能:具有适度的吸湿能力,吸湿力持久,吸湿力很少受环境条件(温度、湿度和风等)变化的影响,赋予皮肤和制品本身以吸湿力;尽可能低的挥发性;和其他成分协调性好;凝固点尽可能低;黏度适当,使用舒适,与皮肤的亲和性好;安全性高;尽可能无色、无臭、无味。

1. 甘油

甘油又称丙三醇，为常用保湿剂。本品为无色、无臭、黏稠澄明液体，味甜，能与水、乙醇、丙二醇混溶。可广泛用于膏霜、牙膏等化妆品中。

2. 丙二醇

用于化妆品的必须是1,2-丙二醇。丙二醇兼有甘油的优点，刺激性与毒性均小，为白色黏稠液体，能与水、乙醇、甘油等以任意比例混合。一定比例的丙二醇和水的混合溶剂能延缓许多药物的水解，增加药物的稳定性。丙二醇的水溶液对药物在皮肤和黏膜上有一定的促渗作用，其黏性比甘油低，手感好，可作为甘油的代用品而用于化妆品。

3. 1,3-丁二醇

1,3-丁二醇是应用较晚的保湿剂，为无色、无臭、略有甜味的黏稠澄明液体，可溶于水和乙醇，其除了具有保湿作用外，还具有良好的抑菌作用。

4. 山梨醇

山梨醇是一种多元醇，为白色、无臭结晶性粉末，可溶于水，微溶于乙醇、乙酸，几乎不溶于其他有机溶剂。可作为甘油的代用品，保湿作用缓和，口味好，能起到矫味作用。还可以与其他保湿剂配合使用，起协同作用。

5. 尿囊素

尿囊素是尿素的衍生物，为无臭、无味的白色结晶性粉末，能溶于热水、热醇和稀氢氧化钠溶液，微溶于水，不溶于冷水、乙醇。不仅可以促进肌肤、毛发最外层的吸水能力，而且有助于提高角蛋白分子的亲水性。常用于护发、护肤的化妆品中。

三、赋香剂

赋香剂俗称香料或香精。香料一般是指具有特殊的、令人愉快的香气的有机化合物。在化妆品中应用的香料，是由许多种香料经过细心调配而成的混合香料。香料在化妆品中的作用：①香料能掩盖某些不良气味；②香料能给产品定性，一定的香型代表一定的产品；③香料能提高产品的档次，高雅的香味使产品升格。

香料根据其来源和制取方法，可分为天然香料和合成香料。

（一）天然香料

天然香料又分为动物性香料和植物性香料两种。植物性香料是由植物的花、种子、果皮、叶子、树皮、树脂以及草类或苔衣等提取出来的。其提取物是具有芳香性的油性成分，即植物性香料或精油，如玫瑰香精、茉莉香精、桂油、薄荷油等。目前使用的动物性香料，仅有麝香、灵猫香、海狸香和龙涎香，这四种动物性香料是配制高级香料不可缺少的配合剂。

1. 麝香

麝香是从麝科动物麝的雄性香囊中得到的分泌物，干燥后是红棕色至暗棕色的粒状物质。其主要成分是麝香酮。麝香是极名贵的香料，由于它具有特殊的芳香和优异的保香作用，所以驰名世界并广泛用于化妆品中。

2. 灵猫香

灵猫香是灵猫生殖腺囊的分泌物，淡黄色或褐色半流体，略像脂肪，在空气中颜色变深，且逐步变硬。其主要成分是灵猫酮。灵猫香是名贵的定香剂，用于配制高级化妆品的香料等。

3. 海狸香

海狸香是海狸生殖器附近梨状腺囊的分泌物，新鲜时呈奶油状，经日晒或熏干后变成红棕色的树脂状物质。其主要成分是海狸香素。海狸香也是名贵的动物性香料，可用于配制高级化妆品。

4. 龙涎香

龙涎香是在抹香鲸肠胃内形成的类似结石状病态的分泌物。由抹香鲸排出后漂浮于海面，被海浪冲上海岸，经长期风吹雨打自然成熟的，它是黄色、灰色或黑色大块蜡状物，甚至发现过 500 kg 重的。

龙涎香有独特的香气，与麝香香气相似。块状物在 60 ℃时开始软化，在 70～75 ℃熔融，溶于乙醇或精油。

主要成分是龙涎香素。龙涎香是十分名贵的动物性香料，可用于配制高级化妆品的香料等。

（二）合成香料

合成香料是通过化学合成方法制得的具有明确的化学结构和芳香气味的有机化合物。1875 年，德国首先实现了工业合成香兰索，这被认为是合成香料工业的开端。目前，国际市场上供应的合成香料约有 7000 种，用量较大的也有几百种。

合成香料的化学构造遍及所有脂肪族、脂环族和芳香族等有机化合物。按化学构造分类的有代表性的合成香料：①烃类：柠檬烯，柑橘似的香味。②醇类：橙花醇，玫瑰似的香味。③醚类：丁香酚，丁香似的香味。④醛类：香兰素，香荚兰香气。⑤酮类：香芹酮，留兰香香气。⑥酯类：乙酸对甲苄酯，茉莉样香气。⑦内酯：十一内酯，桃子样香气。⑧硝基麝香：西藏麝香，麝香样香气。⑨吲哚：茉莉样香气。

1. 调香

无论是天然香料还是合成香料，香气都比较单调，除极个别的品种可单独使用外，多数品种都需要调配成一定的香型后才能使用。将某些个别的单体香料品种调配成一定香型的香料后使用，这种工艺过程叫调香。各种香型均由数种甚至一百多种香料调制而成。调香是一种极其细致并且技术性很强的工作。

调制一种理想的香料，一般要经过拟方、调配、闻香、加入产品中观察等步骤并经过反复实践才能确定。一个香料配方，一般是由主香剂、顶香剂和定香剂三个部分组成。主香剂是形成香料主体香韵的基础，是配方的主体，在整个配方中占比最大。顶香剂本身是易挥发的物质，在整个配方中占比很小，主要作用是配合主香剂使其香韵更加协调或增添某种新的风韵。定香剂本身是不易挥发的香料，但它能抑制其他易挥发香料的挥发。定香剂能减缓易挥发香料在香料中的挥发速度，以保持香气的持久性。实际上，许多天然精油本身就同时具有主香剂、顶香剂和定香剂的作用，如檀香、广藿香、岩兰香等。

一般使用的定香剂有麝香、灵猫香等动物性香料及麝香酮、葵子麝香、二甲苯麝香等合成香料，此外，还有安息香脂、吐鲁香脂和秘鲁香脂等植物性香料。

化妆品所用的香料是多种多样的，可自行调香，也可选购已调成香型的香料，如玫瑰香型、紫罗兰香型，这些香型均由十几种香料调制而成。

2. 化妆品的赋香率

在制造某种化妆品时所添加赋香剂的百分数，称为该种化妆品的赋香率。

化妆品的赋香率因其品种不同而各异。一般的化妆品其赋香率只需达到消除基料气味的程度即可。但对香水、香膏等以香味为主体的化妆品来讲，则需要提高赋香率。一些常见化妆品的赋香率（以产品的百分数计）如表 2-2 所示。

表 2-2 化妆品的赋香率

种类	赋香率/（%）	种类	赋香率/（%）
香水	15～20	花露水	5～10
室内香水	3～7	古龙水	3
化妆水	0.05～0.5	膏霜类、乳液类	0.5～1
美容制品	0.5～1	口红	0.3～2
香波	0.2～1	护发剂	0.2～0
生发水	1	香发蜡	2～5
洗发水	0.5～1	香皂	2～6
肥皂	0.8～2	牙膏	1

四、色素

着色剂俗称色素，可以赋予化妆品美丽的颜色。化妆品中使用的色素主要有颜料和染料两大类。

（一）颜料

颜料是指不溶于水或油的粉末状着色物质，是美容化妆品的主要成分。根据来源可分为天然颜料和合成颜料。天然颜料是矿物粉碎后的粉末，但质量不稳定，应少用。合成颜料种类多，可分为无机颜料和有机颜料。

1. 无机颜料

无机颜料又名矿物颜料，其耐光性、耐热性一般都很好，不溶于水或有机溶剂。可供化妆品用的无机颜料主要有氧化钛、氧化锌、氧化铁、氧化铬、氢氧化铬、群青、炭黑、普鲁士蓝等。

氧化钛、氧化锌为常用的白色颜料，有较好的着色力和遮盖力。

氧化铁由硫酸亚铁制得，根据制备条件不同，有黄色氧化铁（$Fe_2O_3 \cdot H_2O$）、棕色氧化铁（Fe_2O_3、Fe_3O_4 混合物）、红色氧化铁（Fe_2O_3）、黑色氧化铁（Fe_3O_4），氧化铁的耐光性、耐热性能都很强，对酸、碱、有机溶剂具有很好的稳定性，可用于眼部化妆品中。

蓝绿色的氧化铬（Cr_2O_3）和绿色的氢氧化铬[$Cr(OH)_3$]，对酸、碱、光及有机溶剂均有良好的稳定性，可用于眼部美容产品中。

群青、炭黑的耐光、耐热、耐碱性能强。可用于眉笔、眼黛、染发产品中。

2. 有机颜料

有机颜料是由合成染料加氯化钙、氯化铝、氯化锶、硫酸铝、硫酸锆等沉淀剂制成的钙盐、铝盐、锶盐、锆盐等，其特点是染料色相不变，不溶于水、油或其他溶剂，如颜料红 57(Ca)、颜料红 53(Ba)、颜料红 49(Sr)等。

有机颜料具有较好的着色力、遮盖力、抗溶剂性和耐热性，可广泛用于胭脂、指甲油及其他化妆品制造中。

3. 珠光颜料

珠光颜料又名珍珠光泽颜料，通常是指能产生珍珠色泽的一些物质。实际上这些珍珠光泽是光干涉的结果。用珍珠光泽颜料,可使化妆品闪光夺目,色彩绚丽。目前,供化妆品用的珠光颜料有天然鱼鳞片、云母钛和氢氧化铋等。

天然鱼鳞片是将带鱼或鲱鱼的鳞片用有机溶剂精制而成。其主要成分是鸟嘌呤。这种颜料珍珠光泽感比较凝重,常用于制造口红、指甲油和化妆水等。

云母钛是日本研制出来的一种珠光颜料,这种颜料的制作方法是用二氧化钛对云母表面进行涂层,二氧化钛涂附的厚度不同,能发出白、黄、红、蓝、绿等不同的颜色。这种珠光颜料与天然鱼鳞片相比,耐光、耐热,不与化妆品的其他成分发生反应。

（二）染料

染料是指能溶于水或油中,具有染色能力的有机物质,使产品着色。根据来源可分为天然染料和合成染料。

1. 天然染料

天然染料应用于化妆品已有两千多年的历史。我国殷商时代已有燕支(胭脂),那时是用燕地的红兰花叶,将其捣汁凝作脂来饰面红妆。古代日本用红花提取物作为口红和胭脂的原料。

现代化妆品使用的天然染料有胭脂虫红、红花苷、胡萝卜素、叶绿素、胭脂树红、姜红等。

胭脂虫红简称虫红,是由寄生于仙人掌上雌性胭脂虫干体磨细后用水提取而得的红色染料。主要成分是胭脂红酸,这是蒽醌衍生物,不溶于冷水,稍溶于热水和乙醇,用作胭脂、口红、眼黛等的色素。胭脂虫红产于墨西哥和中美洲,产量极低。14 个虫体仅重 1 kg,每 100 km^2 仙人掌培植面积上胭脂虫红的产量仅为 300 mg。

红花苷是从菊料一年生植物红花的花瓣中提出的红色色素,可作为东洋红用于红色类化妆品中,其色调为鲜红色,不溶于水,稍溶于乙醇和丙酮。

2. 合成染料

1856 年,化学家柏琴(Perkin)在合成奎宁的研究中发现了苯胺紫,并投入工业生产,这就是合成染料工业化的开始,自此以后,合成染料的发展极为迅速,在较短的时间内,几乎取代了所有的天然染料。到目前为止,作为商品的合成染料已有数千种。

合成染料大多数是以煤焦油的副产物苯、蒽等为原料,故称煤焦油型染料,在化妆品中用的化学结构有以下几种。

(1) 亚硝基染料:发色团为亚硝基(—NO)的染料,几乎全为绿色,如萘酚绿 B 等。

(2) 硝基染料:发色团为硝基($—NO_2$)的染料,一般为黄色,如萘酚黄 S(钠盐)等。

(3) 偶氮染料:发色团为偶氮基(—N═N—)的染料,一般为黄色或红色,如日落黄、苋菜红等。

(4) 三苯甲烷染料:结构式上有三个苯,色调上多呈绿、蓝、紫,如坚牢绿、光蓝等。

(5) 呫吨染料:以对醌环作生色团。色彩鲜艳,着色力强,有耐光性,如曙红。

(6) 蒽醌染料:以蒽醌为原料合成的染料,这种染料着色力、耐光性好,如茜素胭脂红、蒽醌紫 B 等。

(7) 靛蓝染料:人工合成的大分子还原性染料,一般为天然蓝色,如靛蓝等。

(8) 芘系染料:是芘的衍生物,一般为蓝色。

化妆品的色彩主要靠色素发挥作用。化妆品要求使用安全无毒的色素,我国化妆品卫生法规中允许使用的色素有一百多种。

五、防腐剂

化妆品尤其是液体化妆品容易被微生物污染，特别是含有营养物质时，微生物更易在其中滋生与繁殖。因此，化妆品中常常增加适量的防腐剂，以抑制微生物的生长繁殖。常用的防腐剂有以下几种。

1. 苯甲酸及其钠盐

一般用量为0.1%～0.5%。本品的防腐作用主要依靠未解离的分子来实现，因为分子易透过细胞膜，而其离子几乎无抑菌作用。因此，pH值对苯甲酸一类的抑菌作用影响很大，降低pH值对防腐作用有利。

苯甲酸在pH值在4以下时作用较好。在pH值较高时应增加用量，若pH值为5时，其用量应不少于0.5%。

2. 对羟基苯甲酸酯类(尼泊金酯类)

有对羟基苯甲酸甲酯、对羟基苯甲酸乙酯、对羟基苯甲酸丙酯、对羟基苯甲酸丁酯四种酯，这是一类优良的防腐剂，无毒、无味、无臭、不挥发，在酸性溶液中作用最强，在微碱性溶液中作用减弱。对羟基苯甲酸酯类在水中不易溶解，配制时可先用80℃的热水溶解，或用少量乙醇溶解，再配入化妆品中。

3. 山梨酸

山梨酸对霉菌的抑制力较好，常用浓度为0.15%～0.2%。

除上述防腐剂以外，还有甲酚、氯甲酚、杜灭芬、洗必泰等防腐剂，20%乙醇溶液、30%甘油溶液、5%薄荷油溶液也有一定的防腐作用。

六、抗氧化剂

化妆品中有许多是以动物油、植物油、矿物油为原料的，这些油脂中的不饱和键易氧化导致产品变色、变质、变味等。加入抗氧化剂可防止产品氧化、酸败、变质，阻止或延缓化妆品中不饱和键与氧的反应。此外，防止化妆品氧化还应在原料、加工、保藏等环节上采取相应的避光、降温、干燥、排气、密封等措施。

化妆品中常用的抗氧化剂有丁基羟基茴香醚(BHA)、二丁基羟基甲苯(BHT)、没食子酸丙酯(PG)。

1. 丁基羟基茴香醚(BHA)

BHA是3-叔丁基-4-羟基苯甲醚和2-叔丁基-4-羟基苯甲醚的混合物。在化妆品中最大允许量为0.15%。本品为无色或略带黄褐色的蜡样结晶性粉末，带有酚类的特异臭气和刺激性气味，熔点为57～65℃，易溶于脂肪，基本上不溶于水，对热相当稳定，最好避光保存。

2. 二丁基羟基甲苯(BHT)

BHT又名2,6-二叔丁基对甲酚。在化妆品中最大允许量为0.15%。本品为白色结晶或结晶性粉末，几乎无臭、无味，熔点为68.5～71.5℃，沸点为265℃，不溶于水、甘油、丙二醇以及碱性溶液。对热相当稳定，不会与金属离子反应，价格低廉，抗氧化能力与BHA相似。BHT与BHA合用于化妆品，有协同增效作用。

3. 没食子酸丙酯(PG)

PG又名3,4,5-三羟基苯甲酸丙酯。在化妆品中最大允许浓度为0.1%。本品为白色至浅褐色结晶性粉末，无臭，稍带苦味。对热比较稳定，难溶于水，可溶于热水或乙醇。熔点为

146～150 ℃。抗氧化作用良好，但颜色容易变深。

七、紫外线吸收剂

（一）太阳光

太阳光包括红外线、可见光、紫外线。

其中人眼能感觉到的，有颜色感觉的光称可见光（波长为 400～770 nm），比可见光波长长的光称红外线（波长大于 770 nm），比可见光波长短的光称紫外线（波长小于 400 nm）。可见光通过五棱镜时，出现红、橙、黄、绿、青、蓝、紫七种颜色的色带，称为光谱。

红外线的折射率较小，属于无色带（相），其透过力强可达到组织深部，能改善血液循环，促进皮肤新陈代谢，加速由炎症等产生的分泌物被组织吸收。红外线照射在医疗和美容上有广泛的应用。

紫外线的折射率较大，也属于无色带（相），在太阳光中占 1%左右。紫外线根据其波长不同，又可分为长波紫外线（320～400 nm）、中波紫外线（280～320 nm）和短波紫外线（200～280 nm），其中短波紫外线在照射到地球表面前被距地表约 25 km 处的高空臭氧层吸收，不能到达地面。

紫外线能促进表皮中维生素 D 的形成，促进全身的新陈代谢，并且有杀菌作用，维生素 D 能促进人体对钙的吸收，对人的身体健康有利。但过量的紫外线照射后会使皮肤变黑或发生炎症，破坏皮肤的胶原纤维，产生皱纹，甚至引起皮肤角化异常。长波紫外线能使皮肤产生色素沉着。其机理是：表皮基底的色素细胞中带有活性的氧化酶经长波紫外线的过量照射，将氨基酸之一的酪氨酸氧化聚合，生成黑素，并送至表皮，从而使皮肤变黑甚至出现色素沉着。中波紫外线可达到真皮的乳头部，从而引起急性炎症，导致皮肤发红，出现水疱、红斑，同时生成的黑素使皮肤变黑，这种现象称为晒焦。

为了避免过多的紫外线辐射，在日常生活中除了用太阳帽、太阳伞等以外，还可涂抹防晒化妆品。防晒化妆品之所以能起到防晒效果，主要是加入了紫外线吸收剂。

（二）紫外线吸收剂

国外最早用植物油类作为紫外线吸收剂的方法，至今仍有人使用。

化妆品中的紫外线吸收剂除不能防止皮肤晒黑或晒焦以外，还要求对皮肤无毒、无害，同其他化妆品原料的相溶性能好，挥发性低且稳定性高。我国《化妆品卫生规范》中提出化妆品组分中限用的紫外线吸收剂有 24 种。目前广泛应用于化妆品中的紫外线吸收剂有以下几种。

1. 对氨基苯甲酸类

防晒性能好，能较好地吸附在皮肤上，且不易被汗水或海水洗掉。经美国卫生部门检查，此类产品属无毒、有效品种，被广泛应用。

2. 肉桂酸类

肉桂酸类紫外线吸收剂属于高效、无害品种，但在浓度较高时会出现分解现象。

3. 水杨酸类

水杨酸类紫外线吸收剂属于价廉、无害品种，是应用广泛的产品之一。

还有羧基二苯甲酮类、香豆素类、奎宁盐类、氨基酸甲酯、α-苯基苯并咪唑磺酸等产品均可作为紫外线吸收剂。

此外,人们还发现很多天然植物浸汁具有吸收紫外线的功能,如芦荟、蜡菊、母菊、鼠李、金丝桃等的浸汁可以防止日晒,并有营养和软化皮肤的作用。

在防晒化妆品中紫外线吸收剂的使用量,一般为0.1%～10%。加入量过多,有时会使皮肤发生过敏反应。紫外线吸收剂的使用量,大多是通过实际日晒试验得出的。另外,其使用量也因化合物吸收能的不同而有所不同,不能一概而论。

第三节　中草药原料

由于中草药有特殊作用,如嫩肤、祛斑、祛痘、美白、黑发、生发、洁齿、护齿等功效,目前中草药在化妆品中应用越来越广泛。在化妆品中常用的中草药有人参、珍珠、银耳、灵芝、蜂蜜、蜂王浆、薏米、花粉、芦荟、黄瓜等几十甚至上百种,中草药化妆品有人参霜、珍珠霜、银耳霜、灵芝霜、蜂乳霜、芦荟防晒霜、花粉蜜、黄瓜洗面奶等,下面是化妆品中常用的中草药原料的来源、主要成分、功效以及在化妆品中的应用情况。

一、多种功效中草药原料

1. 人参

人参为五加科植物人参的干燥根及根茎,主要含有人参皂苷、人参二醇、人参酸、芳香油、维生素等成分。

人参提取物能调节皮肤的新陈代谢,促进皮肤细胞繁殖,使皮肤润泽细腻,防止老化。常用于粉刺霜、护肤产品、美发用品、卫生用品中,可以增加血管末端的血液循环,加快新陈代谢,达到皮肤和头发美容的目的。

人参皂苷能明显提高机体对感染的抵抗力,人参提取物对金黄色葡萄球菌等细菌有抑制作用,还有抗炎作用,因此人参对皮肤有保护作用。

人参皂苷还能直接作用于头发纤维内部,其羟基与头发角质细胞中的亲水基团生成氢键,从而增加了头发对人参皂苷的吸收,又由于人参皂苷具有非离子型表面活性剂特性,许多肽分子借氢键的作用连接,从而增加了头发的抗拉能力和延伸性能,所以人参是很好的发用化妆品添加剂。用人参提取物配制成护发用品可增加头发的强度,防止头发脱落和白发产生,长期使用可使头发乌黑有光泽。

用人参提取物制成的人参霜,因人参中的有效成分与水解蛋白有机结合,从而能有效地改善皮肤的性能,起到保湿抗皱的作用。

2. 珍珠

珍珠为珍珠贝科动物马氏珍珠贝、蚌科动物三角帆蚌或褶纹冠蚌等双壳类动物受刺激形成的珍珠,具有润肤美白的功效,主要含碳酸钙及铝、镁、铜、铁、锰等微量元素,还有十多种人体必需氨基酸。

自古以来,珍珠一直用于面脂、面药、澡豆,历时千年而不衰。《名医别录》谓:敷面令人润泽好颜色,粉点目中,主肤翳障膜。《日华子本草》曰:安心明目,驻颜色。《开宝本草》载:珍珠涂面,令人润泽好颜色。

现代研究表明,珍珠能改善皮肤的营养状况,增强人体细胞中三磷酸腺苷酶的活力,促进新陈代谢。珍珠所含的营养成分可透过表皮细胞的间隙和腺体被吸收,增强人体细胞中三磷酸腺苷酶的活力，促进细胞的代谢，还有抑制脂褐素增长的功能，从而改善皮肤的营养状况，增强皮肤细胞的活力和弹性，使皮肤保持柔嫩洁白。

珍珠一般以粉态形式或水解物的形式加入化妆品中，珍珠粉的用量一般为 1％～3％，珍珠的水解物用量为 1％～5％。以珍珠为原料制成的化妆品有珍珠雪花膏、珍珠痤疮膏、珍珠痱子水、珍珠健肤水、珍珠霜、珍珠眼药水等。

珍珠与三七合用制成的三七珍珠霜具有养颜、护肤和嫩肤的功效，尤其对面部色素沉着有显著疗效。

3. 灵芝

灵芝为多孔菌科真菌赤芝或紫芝的干燥子实体，具有护肤防皱的功效，主要含有多种营养滋润皮肤的活性物质，如水解蛋白、脂肪酸、甘露醇、麦角甾醇、B 族维生素、类脂、酰胺类等。

灵芝在我国古代素有仙草之称，其所含的成分能促进蛋白质与核酸的合成，有抗氧化、延缓衰老等作用，从而对皮肤有保水、防皱和美白效果。现代临床及化妆品都广泛应用。用灵芝提取液(物)制得的灵芝霜，是我国特有的，利用天然滋补品配制的营养性化妆品。

4. 蜂蜜

蜂蜜为蜜蜂科昆虫中华蜜蜂或意大利蜂所酿的蜜，具有润肤防皱的功效，主要含葡萄糖、果糖、蛋白质、多种氨基酸、酶类、生物活素、生物刺激素、有机酸、矿物质、多种维生素和芳香物质等成分。

蜂蜜不仅是一种营养价值很高的食品，而且是美容的天然良药。每天用蜂蜜涂敷面部(将蜂蜜加 2～3 倍的水稀释后再涂)，可以促进面部皮肤的新陈代谢，滋润皮肤，减少皱纹，消除色素沉着，使面部皮肤光滑细嫩。在化妆品工业中常用于膏霜、蜜类产品中，可营养皮肤，消除皱纹，使皮肤细嫩光洁。蜂蜜是弱酸性液体，能与金属起氧化反应，因此保存蜂蜜应使用非金属容器。

蜂王浆是一种身体强壮剂，也是高级滋补品。研究表明，蜂王浆中含有一种能够抵抗癌细胞的化学成分。蜂王浆还对皮肤和毛发细胞具有修复和再生能力，对皮肤和毛发有很好的营养、滋补作用。化妆品工业上常将蜂王浆用于膏霜、蜜类产品中，用量一般为 0.5％～2％。

5. 三七

三七为五加科植物三七的干燥根及根茎，主要含有三七皂苷，还含有黄酮苷、槲皮素、槲皮苷、三七多糖、氨基酸、多种微量元素等成分。

三七提取物能降低毛细血管的通透性，增加毛细血管的张力，还有止血和抗病毒作用。还能滋润和清洁皮肤，对面部黄褐斑有一定的疗效，可用于制作洁面霜、清洁露、祛斑霜等。

三七与人参、当归合用，还能增加头发的营养和韧性，减少断发和脱发，延缓白发的产生。制成洗发香波可以祛除头风和止痛；制成多效生发露，能防治脂溢性皮炎、斑秃，并保持头发柔润光泽。

6. 芦荟

芦荟为百合科植物库拉索芦荟、好望角芦荟或其他同属近缘植物叶的汁液浓缩的干燥物，具有防止紫外线和润肤护发的功效，主要含有芦荟大黄素、芦荟苷、异芦荟苷、高塔尔芦荟苷、各种维生素、胡萝卜素、乳酸镁及 20 多种无机元素等成分。

芦荟中所含有的氨基酸、微量元素和大量黏多糖、糖醛酸及其衍生物等营养成分使芦荟胶具有明显的滋润和柔润皮肤的作用，可促进皮肤的新陈代谢，有利于外层皮肤组织的重生，故对创伤有促进愈合的作用。

芦荟苷还有保湿、调理皮肤的功能。芦荟与皮肤的生理适应性好，如与硅油共用，能在皮肤外形成吸附性覆盖层，不易流失，防晒效果更好；若将芦荟原汁取代膏霜配方中全部的水，则产品质地细腻，显微镜下膏体结构整齐，全部颗粒直径为 1～2 nm，达到膏霜类化妆品的最佳结构，能被皮肤全部吸收。

芦荟用于化妆品有护肤、养肤、护发、养发和防晒等作用，其应用最广的是用作防晒霜，其提取物甚至对低于 290 nm 的紫外线部分有吸收作用，故与其他防晒霜配伍可使产品在 200～400 nm 波长范围对紫外线都有吸收，可防止皮肤被灼伤、晒黑。

此外，芦荟还常用于护肤霜、营养霜、保湿霜、护唇膏、防冻防裂霜、止汗霜、浴液、染发剂、剃须修面剂、发胶等各类化妆品中。用芦荟制成的洗发香波有去屑止痒，预防脱发、白发之效，能使头发光泽、柔软，易于梳理。

7. 紫草

紫草为紫草科植物新疆紫草或内蒙紫草的干燥根，主要含乙酰紫草素、紫草素、紫草烷、异丁酰紫草素等成分。

紫草素对肉芽组织的增殖有促进作用，可明显加速创口的愈合，少量使用可减缓皮肤的角质化，改善角质层状态。从紫草中提取的紫草醌剂对青年扁平疣及银屑病有治疗作用。

紫草提取物主要用于护肤霜、雀斑霜、粉刺霜等化妆品中，对雀斑、粉刺、疮疣等具有良好的疗效，并能滋润皮肤、防皱防裂、止痒消炎，使皮肤光滑柔嫩。用紫草提取物制成的宝贝霜、尿布霜有防止尿布皮炎及婴儿湿疹的功效。制成沐浴液可预防各种皮肤病。制成脚气露，可治疗脚气病。从紫草根中提取的紫草红(素)，可作为天然色素用于化妆品中。

8. 沙棘

沙棘为胡颓子科植物沙棘的干燥成熟果实，具有润肤防斑，养发护发的功效，主要含有黄酮类槲皮素等、萜类化合物、蛋白质和氨基酸类化合物、亚油酸等油及脂肪酸类化合物、糖类化合物、维生素类、矿物质和微量元素等成分。

沙棘油用于护肤化妆品，对人体皮肤具有良好的滋养作用和生物兴奋作用。沙棘中植物类黄酮类、维生素类成分对皮肤表皮组织的生长功能有不可缺少的功效，能营养真皮，增加皮肤的光彩，使皮肤恢复柔软，又能抗变态反应、抗菌，促进细胞代谢。

沙棘抗皱膏，对眼睑部皮肤有显著的滋润、补养、抗皱作用，可起到延缓衰老及抗过敏的功效，还可防止皮肤色素沉着及异常粗糙。用沙棘提取物制成的防晒霜，能有效地保护皮肤不受强烈阳光的灼晒。

沙棘油还可用于保护毛发的化妆品中，含有沙棘提取物的发用产品，使用后能促进表皮组织再生及细胞组织新陈代谢，能够有效地保持头发的洁美。用沙棘制成的剃须剂和刮脸后滋补剂，除了有滋润皮肤的功效之外，还有明显的收敛作用。

此外，沙棘还可用于唇膏、粉饼、美容清洗剂、生发剂等化妆品中。

9. 石膏

石膏为硫酸盐类矿物硬石膏族石膏，具有净肤增白的功效，主要含水硫酸钙($CaSO_4 \cdot 2H_2O$)。石膏煅用可作为美容膜剂，与其他中草药合用有预防和治疗某些皮肤病的作用，而且也有美容净肤的作用。

10. 天冬

天冬为百合科植物天冬的干燥块根，具有润肤防皱、乌须黑发的功效，主要含有天冬酰胺、多糖、瓜氨酸、β-谷甾醇、5-甲氧基甲基糖醛、雅姆皂苷元、氨基酸、黏液质等成分。

天冬为古代驻颜美容常用原料。如《圣济总录》中记载，将天冬晒干，制蜜丸，用时以水化开用以洗面。《百病丹方大全》中载天冬转白方，天冬不拘多少，和蜜捣烂，每夜临卧时涂搽，能够润肤悦色白面。

天冬提取物有明显的抗炎性、抗氧化性，可延缓和治疗皮肤的角质化，保持皮肤的柔滑和湿润，易被头发吸附，能够提高抗静电性和梳理性。主要用于营养面霜、粉刺露、营养头油等化妆品中。

11. 白蔹

白蔹为葡萄科植物白蔹的干燥块根，具有润肤增白的功效，主要含有没食子酰葡萄糖苷、槲皮素鼠李糖苷等苷及苷元类，丁烯二酸、酒石酸、苔藓酸、没食子酸、龙脑酸、三聚没食子酸等有机酸类，谷甾醇等甾醇类，此外还含黏液质、维生素、微量元素等成分。

白蔹所含的有机酸类成分外用可刺激皮脂分泌，因而能显著改善皮肤状况，适用于因皮脂分泌过少而引起的干性皮肤、老年皮肤和粗糙皮肤，为现代美白中药面膜常用药。

12. 杏仁

杏仁为蔷薇科植物山杏、西伯利亚杏、东北杏或杏的干燥成熟种子，具有软化皮肤，防皱保湿的功效，主要含有苦杏仁苷、脂肪油、苦杏仁酶、樱叶酶、雌酮、雌二醇、豆甾醇等成分。

《肘后备急方》单取杏仁去皮，捣烂，和鸡蛋白，夜卧涂面，翌晨以暖清酒或水洗净，用于治黄褐斑。杏仁油润滑性好，能迅速被皮肤吸收，无油腻感，可润肤美白，使皮肤白嫩有光泽，同时对痤疮和色素斑也有防治作用，是很好的天然化妆品护肤原料。

13. 益母草

益母草为唇形科植物益母草的新鲜或干燥地上部分，具有润肤祛皱的功效，能活血养血，为唐代武则天喜用的美容药物，主要含有益母草碱、水苏碱、亚麻酸、油酸、月桂酸、芸香苷及延胡索酸等成分。

益母草提取物主要用于浴剂、防皱霜、粉刺霜、营养霜等化妆品中，能使皮肤保持光滑滋润，并对面部粉刺及皮肤粗糙有一定的疗效。用于面药、面脂中能润肌泽面，并且能够预防痤疮、黄褐斑。

14. 枇杷叶

枇杷叶为蔷薇科植物枇杷的干燥叶，具有润肤防皱的功效，主要含有挥发油、苦杏仁苷、熊果酸、齐墩果酸、鞣质、山梨糖醇、多种维生素及微量元素等成分。

枇杷叶提取物可促进血液循环，滋润皮肤，消除小皱纹，并可用于治疗痱子、皮炎等皮肤病。既可制成肤用类化妆品，也可制成发用类化妆品。

15. 鹿茸

鹿茸为鹿科动物梅花鹿的雄鹿未骨化密生茸毛的幼角，具有润肤防皱的功效，主要含有雌二醇、雌酮、胆固醇、维生素 A、卵磷脂、脑磷脂、糖脂、三磷酸腺苷、胶质、氨基酸、矿物质和微量元素等成分。

鹿茸提取物不仅能供给皮肤丰富的营养，而且能恢复皮肤表层的水合作用，有明显的润肤、防皱的功效，可预防和治疗皮肤干燥、皲裂，特别适合制成手、足皮肤方面的化妆品。

16. 麦饭石

麦饭石为中酸性火成岩类岩石石英二长斑岩，具有护肤养肤的功效，主要含有 60 多种无机元素，除含钠、钾、钙、镁等元素之外，还含有硅、锌、铁、铜、锰、钴、钼、钒、锡等微量元素。

麦饭石具有独特的吸附性，对有毒物质和细菌具很强的吸附作用，用麦饭石制成的化妆品有麦饭石增白霜、麦饭石粉底霜、麦饭石减皱霜、麦饭石营养霜、麦饭石洗发香波、麦饭石脚气香水、美容霜、爽身粉、防冻霜等。

17. 玫瑰花

玫瑰花为蔷薇科植物玫瑰的干燥花蕾，具有调香护发的功效，主要含有挥发油、槲皮苷、苦味质、鞣质、脂肪油、有机酸、红色素、黄色素、蜡质、胡萝卜素等成分。

玫瑰花气味芳香，可用于配制香料和化妆品，加入洗剂、乳剂中，可矫正气味和止痒。也可制成发用类化妆品，增加头发光泽。

18. 硫黄

硫黄为自然元素类矿物硫族自然硫，采挖后，加热熔化，除去杂质，或用含硫矿物经加工得到的产物，具有祛痘护肤的功效，主要含有固体硫，少量的钙、铁、铝、镁，微量的硒和碲等成分。

升华硫能溶解角质、软化表皮、抗真菌、抗寄生虫，并且可以防止皮脂溢出。硫黄制成膏霜，对多种皮肤疾病，如痤疮、酒渣鼻、疥虫、花斑癣、体癣、脂溢性皮炎等均有治疗作用。

18. 茯苓

茯苓为多孔菌科真菌茯苓的干燥菌核，具有护肤养颜的功效，主要含有茯苓酸、块苓酸、齿孔酸、松苓酸、茯苓新酸、茯苓聚糖、蛋白质、甾醇、卵磷脂和无机元素等成分。

茯苓为历代常用的美容保健原料。《本草品汇精要》曰：白茯苓为末，合蜜和，敷面上，疗面酐疱及产妇黑疱如雀卵。《肘后备急方》将白茯苓研成极细末，用白蜂蜜调成膏状每夜敷面、手，晨则洗去，主治面酐黯，令悦泽洁白、光润媚好及治手皴。《医宗金鉴》载，白茯苓研末，加白蜜调和，每夜外敷于面部，用于治疗雀斑，七天见效。

茯苓提取物配制的化妆品能保持皮肤湿润，使皮肤纹理细腻、富有弹性，特别适合干性皮肤的人。

19. 甘草

甘草为豆科植物甘草、胀果甘草或光果甘草的干燥根及根茎，甘草具有滋润皮肤，增白祛斑的功效，主要含有甘草皂苷、甘草苷、甘草苷元、异甘草苷、异甘草元、新甘草苷和新异甘草苷等成分。

古人常用甘草治疗皮肤黧黑。甘草具有抗变态反应及解毒的作用，可以消除皮肤的炎症及毒物的刺激，中和、解除或降低化妆品的有毒物质，也可以防止某些人对化妆品的过敏反应。甘草的粉性和胶性成分可以增加外用药和化妆品的黏着性能和胶化作用。

甘草提取物主要用于护肤霜、乳液、美容霜、抗皱霜、防裂膏等化妆品中，既有护肤作用又有营养作用，能使皮肤细腻滋润，保持光滑柔嫩，具有保湿和消炎止痒的作用。

甘草酸有广泛的配伍性，常与其他活性剂共用，可加速皮肤对它们的吸收而增效，可用于防晒、增白、调理、止痒和生发护发等。

20. 枸杞子

枸杞子为茄科植物宁夏枸杞的成熟果实。枸杞子具有悦颜润肤、乌须黑发的功效，主要含有甜菜碱、多糖、粗脂肪、粗蛋白、硫胺素、核黄素、胡萝卜素、抗坏血酸、烟酸及钙、磷、铁、锌等成分，其中尤以维生素 A、维生素 C 含量高。

《药性论》曰：能和益诸精不足，易颜色变白。枸杞子能使皮肤润滑，防止皮肤细胞衰老，减少皮肤色素沉着。其面部化妆品，使皮肤细嫩、光滑，具有营养皮肤之功效。枸杞子也适用于儿童和幼儿化妆品，如儿童霜、宝贝霜、儿童沐浴露、儿童洗发香波等化妆品。枸杞子是一种优良的中草药化妆品原料，并具有防腐作用。

用枸杞子的提取物制成的发用类化妆品，可防治脱发，促进头发黑素的生成，使头发乌黑发亮，对由于缺乏人体必需微量元素所引起的黄发、白发均有显著疗效，对斑秃也有很好的治疗作用。

21. 红花

红花为菊科植物红花的干燥花，具有润肤防皱、护发生发的功效，主要含有苷类、红花黄色素、挥发油、烯烯酮、黄酮类、红花多糖及微量元素等成分。其中，红花油的主要成分为棕榈酸、硬脂酸、花生酸、油酸、亚油酸等，具有很强的抗氧化作用。红花具有活血化瘀的功效，能有效促进血液循环，润泽肌肤。

用红花提取物制成的肤用类化妆品，可保持皮肤的润滑和柔软性，防止阳光直射对皮肤的损害，同时对各种斑疾疗效显著，与白芷、补骨脂提取物合用，效果更佳。

红花提取物制成的生发水，可防止脱发和刺激毛发生长，用红花、丹参、赤芍、川芎的提取物混合制成的发用类化妆品，有生发、乌发作用，对斑秃、脱发有治疗效果，对脂溢性脱发也有明显的治疗效果。

红花制成的按摩剂用于脸部的按摩，可使皮肤细嫩、红润；用于手足按摩，可舒筋活血，消除疲劳，还可以治疗冻疮。红花制成的沐浴露，可防治腰腿痛。红花制成红色素可作膏、霜、露等化妆品的调色剂。

22. 白术

白术为菊科植物白术的根茎，具有润肤美白的功效，主要含有苍术醇、苍术酮、苍术醚、苍术内酯、羟基苍术内酯、白术内酯等成分，也含有白术多糖、维生素、多种氨基酸等成分。

《新修本草》曰：利小便，及用苦酒浸之，用拭面皯黯，极效。《药性论》指出：主面光悦，驻颜去酐。白术气味芳香，脂膏丰富，其含有的挥发油、维生素 A 等成分能使皮肤滋润光滑，并具有较好的增白效果，对防治老年性皮肤角化，维持皮肤弹性有一定作用，主要用于护肤霜、增白露、沐浴露等化妆品中。

23. 黄柏

黄柏为芸香科植物黄皮树的干燥树皮，具有润肤护发的功效，主要含有小檗碱、药根碱、木兰碱和黄柏碱等多种生物碱，也含有黄柏内酯、黄柏酮、黄柏酮酸等成分。

黄柏所含的小檗碱可用作发用染料，与金属离子组合可得多种色泽，如加入钴离子呈稍带绿色的黑色。黄柏所含的谷甾醇有明显的抗炎性、抗氧化性，与维生素类营养物质配伍用于护肤品中，有调理功效，可延缓和治疗皮肤的角质化，保持皮肤的柔滑和湿润。黄柏提取物制成的化妆品，对多种皮肤病均有防治作用，且有防腐效果。

24. 黄精

黄精为百合科植物滇黄精、黄精或多花黄精的干燥根茎，具有驻颜乌发的功效，主要含有黏液质、淀粉及糖类等成分。

黄精有抗菌作用，对伤寒杆菌、金黄色葡萄球菌、多种真菌及疱疹病毒有抑制作用。用黄精提取物制成的化妆品，如脚气露、沐浴露等，均有显著的疗效。

黄精与枸杞根、侧柏叶、苍术制成的乌发宝、乌发乳、乌发头油均有使白发变黑的作用，且头发变黑后不褪色，同时还有生发的功能。此外，黄精的醇提液，可作为化妆品色素。

25. 黄芪

黄芪为豆科植物蒙古黄芪或膜荚黄芪的干燥根，具有润肤防皱、护发生发的功效，主要含有黄酮类化合物（芒柄花黄素等）、皂苷类化合物（黄芪皂苷等）、糖类化合物（葡聚糖等）、氨基酸、亚麻酸及甜菜碱等成分。

黄芪提取物中的多种营养成分，能促进 RNA 和蛋白质合成，可清除氧自由基，对皮肤有良好的保湿防皱作用。

黄芪提取物能防治脱发，促进毛发生长，且性质柔和，并含有人体必需的微量元素，最适合儿童及婴幼儿使用，用黄芪提取物制成的儿童洗发香波，可使儿童、婴幼儿头发茂密粗壮，还可防止头部皮肤病的产生。

用黄芪提取物制成的沐浴露可以营养皮肤，增强皮肤对疾病的抵抗能力，与蒲公英提取物合用，还能治疗儿童及婴幼儿的湿疹、尿布皮炎。

26. 黄芩

黄芩为唇形科植物黄芩的干燥根，具有护肤祛痘的功效，主要含有黄芩苷、黄芩素、汉黄芩苷、汉黄芩素及二氢黄酮、查尔酮类、二氢黄酮醇类等成分。

黄芩中的黄芩苷元具有抗炎、抗变态反应等作用，具有较广的抗菌谱，其煎剂对金黄色葡萄球菌、多种皮肤真菌及痤疮丙酸杆菌有抑制作用。

用黄芩提取物制成的化妆品，具有很好的治疗炎症性皮肤病和过敏性皮肤病的功效。黄芩中所含的苯甲酸，能防止角质细胞互相粘连，使闭合性粉刺变为开放性粉刺，故对混合感染的粉刺效果更佳。黄芩中所含有的黄芩素能清除氧自由基，能够显著抑制脂质过氧化，还能吸收紫外线，抑制黑素的生成。故黄芩是疗效显著的中草药化妆品原料。

27. 决明子

决明子为豆科植物决明或小决明的干燥成熟种子，具有清热明目的功效，主要含有大黄酚、大黄素、决明素、橙黄决明素、维生素 A、微量元素等成分。

决明子提取物有很好的抗菌、抗病毒、抗真菌功效，可用于治疗皮肤病（银屑病、脚气等）、头发病（头癣、毛囊炎等）和痤疮，也是很好的防腐抗氧化剂和着色剂。

28. 辣椒

辣椒为茄科植物辣椒的果实，具有养发、生发的功效，主要含有辣椒素、辣椒红素、蛋白质、脂肪、胡萝卜素、维生素 C 和钙、磷、铁等成分，其中维生素 C 的含量居所有蔬菜之冠。

辣椒中所含的辣椒素能扩张微血管，促进血液循环，使皮肤发红、发热。辣椒红素是类胡萝卜素的一种，也是目前热门的抗氧化剂。

辣椒提取物主要用于头油、生发露、止痒去屑露等发用类化妆品中，具有促进毛发生长、止痒去屑、防治发癣和毛囊炎等疾病的作用。还可用于防冻奶液、防冻膏霜等防冻类化妆品中，能有效地防治冻疮和冻伤。

29. 川芎

川芎为伞形科植物川芎的干燥根茎，具有润肤美白、香口除臭的功效，主要含有挥发油、生物碱、酚类物质、内脂素、维生素 A、叶酸、甾醇、脂肪油等成分。

川芎提取物能改善皮肤血液循环，抑制酪氨酸酶活性，活化皮肤细胞，延缓皮肤老化，其所含的维生素 A 等物质对皮肤有一定的滋养作用，还有抗维生素 E 缺乏及抑制酪氨酸酶的作用，故无论内服还是外用均有润肤、除皱、增白的作用，用川芎提取物制成的护肤霜等能使面部皮肤增白、润滑光泽，能防止痤疮、各种色素斑和老年斑的产生。

川芎通过扩大头部毛细血管，促进血液循环来增加头发营养，用于洗发液、生发露等发用类化妆品可使头发柔顺坚韧，还可以提高头发的抗拉强度和延伸性，保持头发润滑光泽，易于梳理，亦能延缓白发生长。

此外，川芎醚提取物和挥发油还有透皮促进作用，用于浴液剂中，可促进浴液剂中各种活性成分的透皮吸收，发挥透皮吸收促进剂的作用。

30. 大黄

大黄为蓼科植物掌叶大黄、唐古特大黄或药用大黄的干燥根及根茎，具有消炎护肤的功效，主要含有大黄酸、大黄酚、大黄素、芦荟大黄素等蒽醌衍生物，以及鞣质、脂肪酸、草酸钙、葡萄糖、果糖等成分。

《太平圣惠方》中，将川大黄末，以水调，每夜涂之，治面上疱子。《医宗金鉴》中用大黄、硫黄各等分，研细末，共合一处，再研匀，以凉水调敷治酒渣粉刺。大黄中含有的大黄酚和大黄素，有很好的抗菌、抗病毒、抗真菌等作用，可作为较好的防腐剂和抗氧化剂。用大黄提取物制成的化妆品有防病治病的功效，尤其对皮肤病（银屑病、脚气等）、头发病（头癣、毛囊炎等）均有疗效，还可作为色素使用。

二、美白祛斑类中草药原料

1. 白及

白及为兰科植物白及的干燥块茎，具有润肤美白的功效，主要含有黏液质、挥发油、淀粉等成分。黏液质含量为56.75%～60.15%，主要为多聚糖，久用能增白、滑肌，并可在毛发表面形成一层薄膜以护发并加强着色。

2. 白僵蚕

白僵蚕为蚕蛾科动物家蚕蛾的幼虫感染白僵菌而僵死的全虫，具有润肤美白的功效，主要含有蛋白质、草酸铵、脂酶、蛋白酶、壳质酶、溶纤维蛋白酶、昆虫毒素、环肽类昆虫毒物质、白僵蚕菌素以及类皮质激素样物质。

白僵蚕所含的这些物质成分，特别是其中的水解酶，外用不仅可软化皮肤角质层，增强通透性，而且可以抑制瘢痕组织和促进色素的吸收。用白僵蚕提取物制成的化妆品，外用可润肤增白，祛斑除瘢，对面部雀斑、面呈黑色均有较好的治疗和美容作用。

3. 当归

当归为伞形科植物当归的干燥根，具有活血润肤、美白祛斑、乌须生发的功效，主要含有挥发油、阿魏酸、丁二酸、烟酸、尿嘧啶、腺嘌呤、当归多糖、多种氨基酸、维生素、矿物质及微量元素等成分。

当归提取物具有很好的吸湿性、保水力，并能抑制酪氨酸酶活性，具有滋润皮肤及改善干性皮肤、促进皮肤白嫩的功效，能防治黄褐斑、雀斑及色素沉着。

当归提取物还能扩张头皮毛细血管，促进血液循环，有效地固发生发、防止脱发、预防白发，并使头发乌黑发亮，易于梳理。

当归提取物是现代化妆品中理想的中草药原料，主要用于乳液类、膏霜类、洗发剂等化妆品中。

4. 丹参

丹参为唇形科植物丹参的干燥根及根茎，具有润肤祛痘、乌发生发的功效，主要含有丹参酮、次丹参醌类、丹参醛、原儿茶醛、原儿茶酸、丹参素、氨基酸、维生素E，以及金属元素钙、镁、铝、镍、铁等成分。

丹参酮具有抗雄性激素作用及温和的雌激素活性，对痤疮丙酸杆菌高度敏感，并且可抗炎消炎。适用于各型痤疮。

丹参能够活血祛瘀，促进面部血液循环，促进细胞新陈代谢，祛斑和延缓皮肤衰老。用丹参提取物制成的润肤露、霜，有良好的润肤作用，能使皮肤光洁且红润。

丹参还有促进头发生长，使头发由白变黑的作用，和其他天然植物提取物混合配制成的发用类化妆品具有止痒、去屑、防治脱发、乌发等多种功能。

三、抗衰老类中草药原料

1. 蜂王浆

蜂王浆为蜜蜂科动物中华蜜蜂等的工蜂咽腺及咽后腺分泌的乳白色胶状物，其成分很复杂，大致为水分 60%、蛋白质 12%、脂肪 5.46%，还含有丰富的维生素、微量元素、各种激素和多种酶。

2. 覆盆子

覆盆子为蔷薇科植物华东覆盆子的干燥果实，具有润肤防皱、生发乌发的功效，主要含皂苷、黄酮类、果胶、苹果酸等大量的有机酸、维生素 C、过氧化酶及酚氧化酶等成分。

陈藏器云：食其子令人好颜色，榨汁涂发不白。《本草经疏》云：覆盆子强阴健阳，悦泽肌肤。覆盆子提取物有类似雌激素样作用，能延缓皮肤老化，故特别适用于毛发早白者或皮肤干皱者。

3. 玉竹

玉竹为百合科植物玉竹的干燥根茎，具有润肤防皱的功效，主要含铃兰苷、铃兰苦苷、夹竹桃螺旋苷、维生素 A 类物质、多种氨基酸及钙、钾、磷、锰、铁、锌、铜等多种微量元素，以及大量的黏液质等成分。

玉竹中所含的黏液质及维生素 A 类物质，加入化妆品中可发挥黏液质的作用，增加药物的黏着性和胶化功能以及药物在皮肤表面形成薄膜的能力。

4. 菟丝子

菟丝子为旋花科植物菟丝子的干燥成熟种子，具有润肤防皱的功效，主要含有树脂样糖苷、胆甾醇、芸苔甾醇、谷甾醇、豆甾醇及三萜酸类和糖类等成分。

《神农本草经》载：菟丝子，味辛，平。主续绝伤，补不足，益气力，肥健，汁去面皯，久服明目。《名医别录》曰：延年驻悦颜色。

菟丝子提取物具有雌激素样活性，外用能清除自由基，抑制致病菌，防止皮肤角质老化等，外用还可祛除面部黑斑瘢痕，防粉刺、皮肤粗糙、皮屑增多等。

四、保湿润肤类中草药原料

1. 白花蛇舌草

白花蛇舌草为茜草科植物白花蛇舌草的全草，具有润肤防皱的功效，主要含有甾醇（豆甾醇等）、齐墩果酸、多肽、对香豆酸及黄酮苷、白花蛇舌草素、铁、锰、钛等成分。

白花蛇舌草的提取物中所含的豆甾醇、熊果酸、齐墩果酸、对香豆酸的 pH 值接近皮肤，因此其有效成分很容易被皮肤吸收，可以达到滑润皮肤，使皮肤细腻的效能，很适合用于护肤露、护肤霜等化妆品中。

2. 天花粉

天花粉为葫芦科植物栝楼或双边栝楼的干燥根，具有润肤防皱、养发乌发的功效，主要含有皂苷、多糖、蛋白质、多种氨基酸及酶等成分。

天花粉为古代常用的美容药物。《唐本草》认为天花粉作粉外用，可使皮肤“洁白美好”，故常在皮肤洗剂中配伍。例如，《古今图书集成医部全录》玉容散洗面，可治面上皯黯，或生痤痱、粉刺、皮肤瘙痒，并能去垢腻。《仙拈集》洗面玉容汤可治面上生斑。《御药院方》洗手檀香散等治面生黑子及手面皮肤皴裂等。

天花粉含有的多种氨基酸，能使细胞再生，对皮肤具有营养作用。因其洁白细腻，具有较强黏附力，主要用于护肤霜、护发素、发乳等化妆品中。用天花粉制成的化妆品能营养皮肤，使皮肤滋润柔嫩，舒展防皱；还能营养头发，使头发乌黑发亮，易于梳理。

3. 冬瓜子

冬瓜子为葫芦科植物冬瓜的种子，具有润肤美白的功效，主要含有皂苷、脂肪、尿素、氨基酸、微量元素等成分。

《神农本草经》中记载：白瓜子，味甘、平。主令人悦泽，好颜色，益气不饥。《日华子本草》曰：去皮肤风剥黑皯，润肌肤。《本草纲目》曰：去皯黯，悦泽白皙。冬瓜子色乳白且细腻，其含有的不饱和脂肪酸，对皮肤有滋养濡润作用，用冬瓜子提取物制成的面霜、膏等有营养皮肤，消除皱纹的作用。

五、防晒类中草药原料

薏米为禾本科植物薏苡的种仁，主要含有油脂、三萜类化合物、腺苷、蛋白质、氨基酸、维生素、磷、铁、钙等成分。

薏米提取物为白色或淡黄色黏稠液体。理化性质稳定，可长期储存且不会变质，其营养价值极高，对人体具有消炎、排脓、止痛、抗癌等功效。

用薏米提取物制成的化妆品对粉刺等皮肤病和皮肤粗糙都有明显疗效。此外，薏米提取物还具有吸收紫外线的功效。因此，用薏米提取物制成的化妆品具有营养、滋补和防晒的功效。薏米提取物在化妆品中的用量一般为0.5%～1%。

六、生发、乌发类中草药原料

1. 何首乌

何首乌为蓼科植物何首乌的干燥块根，具有护发养发、生发黑发的功效，主要含有卵磷脂、大黄素、大黄酚、大黄酸、大黄素甲醚及矿物质等成分。

何首乌中含有的卵磷脂，能营养发根，促使头发生成黑素，是很好的头发调理剂，因此常用于护发、养发、生发的化妆品中，使头发易于梳理、乌黑发亮。

2. 侧柏叶

侧柏叶为柏科植物侧柏的干燥枝梢及叶，具有润肤养颜、生发乌发的功效，主要含有挥发油（侧柏烯等）、黄酮（槲皮素等）、有机酸类（杜松酸）、钾、钠、氮、磷、钙、镁、铁、锰、锌等成分。

侧柏叶常用于生发、乌发。《日华子本草》载：烧取汁，涂头，黑润鬓发。《本草蒙筌》载：重生发鬓须眉。《本草纲目》载：黑润鬓发。

侧柏叶提取物能扩张血管，增加皮肤血流量，有抑制金黄色葡萄球菌、大肠杆菌及病毒的作用。在化妆品中主要采用侧柏叶的醇浸液和煎剂，主要用于防冻膏、防裂膏等化妆品中，能使皮肤细腻，防止冻裂，并有一定的防腐作用。另外，还可用于毛发类化妆品，能促使头发生长，防止脱发，并对斑秃等疾病具有一定的治疗效果。与其他中草药配伍，还可作为化妆品的防腐剂。

七、祛痤疮类中草药原料

防风为伞形科植物防风的干燥根，具有润肤美白的功效，主要含有挥发性成分、色原酮类、香豆素类、聚炔类、多糖类、胡萝卜苷、甘露醇，以及脂肪酸等成分。

在历代祛斑疗痤、洁面美颜的方剂中，防风的使用频率很高，常与川芎、白芷、桃仁、当归、白僵蚕等同用。防风提取物具有促进皮肤血液循环、抗过敏的作用，可减轻受损皮肤的受损程度，并防止色素的形成。

第三章 中草药化妆品的制备技术

第一节 中草药化妆品的生产设备

一、膏霜类化妆品的常用设备

膏霜类化妆品是化妆品的主要剂型，常用的设备主要有夹层加热锅、搅拌设备等，可以广泛用于制作各种不同类型的膏霜类化妆品，如雪花膏、冷霜、乳液、洗发膏、剃须膏和发乳等。

（一）夹层加热锅

生产膏霜类化妆品常用的加热锅，主要是夹套式。锅体一般采用不锈钢，有效容积一般为 200～1000 L。将原料置于锅内，向夹层套内通入蒸汽，使原料受热溶解或熔化（图 3-1）。

图 3-1 夹层加热锅

（二）搅拌机

搅拌机又称搅拌器。搅拌机的主要部件是搅拌桨，搅拌桨装在蒸汽夹层锅内。搅拌桨的种类很多，有桨式、锚式、螺旋式等（图 3-2）。根据搅拌桨或搅拌效果的不同，搅拌机又分为简单搅拌机、均质搅拌机和真空搅拌机。

1. 简单搅拌机

简单搅拌机是在蒸汽夹层锅内附以搅拌桨及刮刀、混合叶片、定子、转子等。这种设备简单，易于制作化妆品，但搅拌效果不好，乳化效率低，仅能生成平均粒径为 0.005 mm 左右的乳化体，一般常用于制作粒度要求不高的低档膏霜类化妆品。质量要求高的高档产品，需再用胶体磨或均质搅拌机精制。

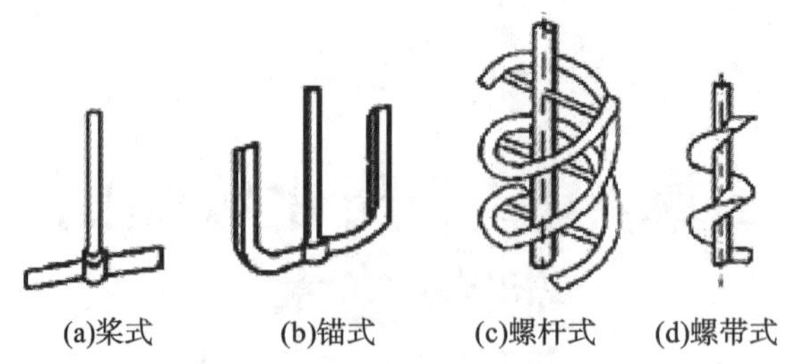

图 3-2 常见的搅拌桨种类

2. 均质搅拌机

均质搅拌机是一种高剪切分散机。其特点是搅拌翼高速旋转，对搅拌翼周围的空穴（也称死角）装配了起挡板作用的定子，产生循环流作用，以此避免搅拌过程中出现空穴。当原料混合液通过转子和定子之间微小的间隙时，能够产生很强的剪切效应和冲击力，达到强分散效果，起到良好的乳化作用。

均质搅拌机的主要部件是均质搅拌头。均质搅拌头是由转子与定子两个部分组成，转子为涡流搅拌桨，定子内具有放射状导流槽，其间隙小，精密而均匀。当搅拌机高速转动时，转子的底部与上部产生压力差，将底部物料从容器底部吸入，经加速后从上方小孔喷出，至挡流板后向下折回形成对流，在对流循环过程中产生强烈的高速剪切、紊流、喷射、冲击、打碎和混合作用，使颗粒微细化，起到分散、乳化作用，从而使两相液体乳化成稳定的乳化体。

均质搅拌机的转速常为 100～16000 r/min，现多为无级调速并有转速显示。均质搅拌机有多种型号，均质搅拌头的桨叶有多种形状以适应不同黏度的需要，工作容量可达 100～100000 mL，其均质时间一般为 5～15 min。

均质搅拌机一般适用于生产流体或半流体状膏霜类化妆品。

（三）真空乳化搅拌机

目前，真空乳化搅拌机是生产膏霜类化妆品的先进搅拌设备，也是国内外化妆品厂普遍选用的一类乳化设备。它的型号很多，工作容量为 100～1000 L。

真空乳化搅拌机的结构为在密封的真空容器内装有均质搅拌器和刮板搅拌器。均质搅拌器的搅拌速度多为 350～3500 r/min；刮板搅拌器的转速为 5～50 r/min。刮板搅拌器在加热及冷却时可加快传热面的热传递，使容器内温度均一，且热效率好。刮板搅拌器的前端装有由聚氯乙烯及腈基丁二烯等制成的刮板，因液压使刮板接触容器内壁，有效地从内壁刮去及转移加热（或冷却）的化妆品，以加速热交换的效果。真空乳化搅拌机内还安装有加热和冷却用的夹层外套、保温层及各种检测仪表，如温度计、黏度计、转速计、真空计及物料流量传感器等计量装置。

真空乳化搅拌机由真空泵将机内抽至一定真空度时，物料在真空中进行乳化，物料不再因蒸发而受到损失。在真空条件下不会产生气泡，从而使化妆品表面光洁及减少细菌对产品的污染，也不会因氧化而变质；另外，真空条件下搅拌机的转速加快，可提高乳化效率。

在化妆品生产中，利用真空乳化搅拌机生产膏霜、乳液等多种化妆品的制作工艺可简述为以下几点。

(1) 在油相锅中混合、加热、熔融油相原料，在水相锅中混合、加热、溶解水相原料。

(2) 使真空乳化搅拌机处于真空状态，将一相原料先移入乳化搅拌机内，在启动高速均质搅拌器进行搅拌的同时，装入另一相原料，使两相物料进行乳化，经一定时间均质乳化后，停止均质搅拌。

(3) 在夹套中放入冷却水，同时启动刮板搅拌器，当温度降至设定温度时加入添加剂(如香料等)，继续冷却至另设定的温度，然后进行真空排放、夹套排放。

(4) 放出成品。

真空乳化搅拌机的优点：①由于搅拌是在真空状态下进行的，膏霜和乳液不与空气接触，因此减少了氧化过程。②真空乳化搅拌机可使膏霜和乳液的泡沫减少到最低程度，增加膏霜表面光洁度。③真空乳化搅拌机出料时用灭菌空气加压，可避免细菌污染。此外，真空乳化搅拌机还附设有自动控制温度的装置，适合较大规模的生产。

(四) 三辊研磨机

三辊研磨机是采用不锈钢材料或石滚制成的，可根据生产的实际需要，调节三辊研磨机辊子与辊子之间的空隙，研磨出不同粗细颗粒的膏体。三辊研磨机主要用于研细膏霜类化妆品的膏体颗粒(图3-3)。

图 3-3 三辊研磨机

(五) 胶体磨

胶体磨是一种能迅速地将固体、液体及胶体同时粉碎至微粒化，并进行均匀混合、乳化，使物料成为稳定乳化体的乳化装置，它是制造膏霜类胶体产品最重要的机械分散设备。

胶体磨的工作原理是人们常见的石磨原理。胶体磨由定子、转子组成，通过转子和定子之间高速运转所产生的剪切力起到研磨、分散作用。现用的胶体磨外有水冷外套。转子和定子表面的间隙可根据生产的需要进行调整，胶体磨的转速一般为 1000～2000 r/min。当化妆品的粗制品或混合液从定子和转子的间隙通过时，强剪切作用可使其乳化。

(六) 高压均质器

高压均质器是一种阀门型均质器。被分散的液体用高压泵加压(如 10～40 MPa)，并被强迫通过一个窄阀座小孔(0.1 mm)。由于压力的作用，克服弹簧的压力，打开阀门，势能转换为动能，液体获得很高的速度。通过阀门后，动能被散逸成热能。这个过程历时很短(<0.1 ms)，因此能量密度很高，形成的强湍流和涡穴，使液滴分散和变小。高压均质器适用于不太黏的液体的连续性乳化和分散过程。但高压均质器耗能较大，需要强力高压泵，管线的耐压和密封性要求高。目前，已有成套管线式均质搅拌机出售，适用于小型实验至大型生产使用。

(七) 超声均质器

超声均质器是另一种阀门型均质器。当高强度的超声能量施于液体时，发生的作用称为气穴作用。当超声波通过流体时，一些部位被压缩和稀薄化，在稀薄化的地方产生气穴。当超声波通过时，这些气穴坍塌并被压缩。在这些气穴坍塌前，气穴的压力可达几千大气压，因此在液体中，超声辐射的最主要作用是随着气穴的坍塌，立即产生强力的冲击波，使液体分散。

最普通的超声均质器是液体笛。当液流冲击振动叶片时，产生高频振动，液流通过高压泵，被迫间隙通过，使液体分散。

（八）膏霜灌装机

膏霜灌装机是用于灌装黏稠胶体、膏霜类化妆品的设备，如灌装凝胶、润肤霜、防晒膏霜、发乳等化妆品。其工作原理是采用泵将灌装物推入容器内，并用活塞行程进行容积定量控制。

膏霜灌装机包括小型半自动膏霜灌装机、容器旋转式膏霜灌装机、容器和灌嘴旋转式灌装机、金属管灌装机、塑料管灌装机、复合管灌装机、脱泡灌装机、电脑万能花样灌装机和灌装线，以及膏体自动灌装生产线。

膏霜自动灌装生产线包括：从转盘自动将瓶送至灌装机头，在运送过程中喷码，打印批号和日期；自动定量充填后，并以特殊塑料辊刮平膏面；自动贴封面纸，自动完成旋盖，并由传送带运走。灌装容量、灌装能力，因膏体性质及容器形状的不同而不同。

（九）覆膜机与扎包机

在化妆品的包装过程中，对已灌装了化妆品的瓶、管等，常再覆盖一层塑料薄膜，将其全部密封，使产品更为卫生，免受污染，并能避免在运输销售过程中可能出现的拆封情况，使消费者对产品更有信任感，故热覆膜机常为高档化妆品包装中使用的设备。

为了使化妆品在运输途中更为安全，现多使用各种自动扎包机、封箱机对化妆品进行外包装。

第二节　液体化妆品常用设备

生产液体化妆品常用的设备主要有水处理机、配料锅、过滤机、储存罐、液体灌装机等。这些设备可用于制取香水、花露水、化妆水和染发水等。

一、水处理机

化妆品的品种很多，不同的品种对用水的要求也有差别。香水、花露水、化妆水等液体化妆品要求用去离子水且无菌。水处理机种类较多，已由第一代发展到第二代、第三代，目前又推出纳滤膜水处理机。

纳滤膜水处理机是以纳滤膜为主要部件，结构略为疏松，类似反渗透膜的水处理机，纳滤膜是荷电膜，能进行电性吸附，对电性高的氟离子等能部分去除，并具有纳米级孔径，大分子不能通过，游离态的水分子部分通过，NaCl 部分通过，钙、镁离子能部分通过。纳滤膜水处理机囊括了第一代、第二代和第三代水处理机的优点，且避免了二次污染。

纳滤膜水处理机通过絮凝、沉降、砂滤和加氯消毒等来除去水中的悬浊物和细菌，而对各种溶解性化学物质的脱除作用很低。纳滤膜可在低压（相对反渗透）下，对自来水进行软化和适度脱盐，还可脱除各种有机物质、无机物质及微生物。

二、配料锅

制作液体化妆品常用的配料锅多采用不锈钢、搪瓷或玻璃材料，其他材料不宜使用。一般来说，锅内常附有机械搅拌，通过搅拌可使料液混合均匀。配料锅的规格、容量可根据生产规模来确定。

三、过滤机

过滤机主要用于除杂质。过滤机的种类和样式很多，主要有板框式过滤机、叶滤机、转筒式真空过滤机等。在工厂里使用较多的是板框式过滤机。

板框式过滤机主要由多组滤板和滤框交替排列组成。滤板和滤框支撑在压滤机座的两个平行的横梁上，机座上有固定的端板和可移动的端板。板与框利用特殊的装置压紧在固定端板和可移动的端板之间，每块滤板与滤框之间夹有滤布。这样，每两块相邻的滤板之间就形成了一个独立的过滤室，每块滤板上都有流通滤液的孔道，使各个过滤室互相连通。过滤时液体承受压力，由于滤板的孔道分布于每一个过滤室，滤液通过滤布进入滤框，从滤框的出口流出来，滤渣杂质则留在滤布上。

板框式过滤机具有占地面积小、过滤面积大、构造简单、易于操作、使用可靠等优点。因此，可用于香水、化妆水、染发水等液体化妆品及液体原料的过滤。

四、储存罐

在制作液体化妆品的过程中，首先要将刚配制好的粗制品进行储存陈化处理，即将料液粗制品装入储存罐埋于地下或存于地下室，经 1～3 个月的陈化成熟，使其香气充分地协调统一。

储存罐一般采用不锈钢、搪瓷或玻璃材料制成，不宜使用铁、钢容器。

五、液体灌装机

液体灌装机主要是由储槽和自动计量装置组成。储槽的大小、计量的数量可按需要进行调整，使用时液体灌装机可自动进行计量和灌装。

液体灌装机适用于流动性好、黏度低的液体化妆品，如香波、化妆水、香水、乳液等。现多使用半自动和全自动设备。灌装设备所依据的原理多是重力式(落差式)和真空式，现还有一种利用空气传感方式的灌装机，它是把成品送至负载有若干压力的灌装喷嘴，喷嘴内装上一条喷出空气的细嘴，负有微压经常喷出微量的空气，灌入容器的成品至定量时，会把喷嘴堵塞，改变空气喷嘴内部的微压，利用这微压来关闭灌装喷嘴的阀门，以实现一定的灌装量。

第三节　粉状化妆品常用设备

生产粉状化妆品常用的设备有粉碎机、混合机、筛粉机、灭菌器、包装机、自动压制粉饼机等。

一、粉碎机

粉碎机是制作粉状化妆品的主要设备。它可将粉体原料进行粉碎，以达到所需要的细度。常用的粉碎机有高速球磨机等(表 3-1)。

表 3-1 粉碎机的种类

粉碎机的类型	粉碎机的名称
剪切粉碎型	剪切式碾磨机、旋转式粉碎机、剪切滚式碾磨机
摩擦粉碎型	塔式磨碎机、低速球磨机、高速球磨机、螺旋式粉碎机
压缩粉碎型	盘式粉碎机、辊式粉碎机、回旋粉碎机
冲击压缩机	球磨机、锥型球磨机

二、混合机

混合机主要用于粉状化妆品原料的混合。混合机一般由不锈钢材料制成,并附有搅拌器。使用时主要靠搅拌器将物料拌和均匀。

混合机大致分为固定型和旋转型。固定型机体本身固定不动,在内部装有螺旋叶片式搅拌器。旋转型混合机是其机体本身旋转,其型式有 V 形、圆筒形、正立方形和双重圆锥形等(图 3-4)。

图 3-4 V 形混合机

三、筛粉机

筛粉机主要用于制备粉状化妆品时除去粗粉,获得细度一致的细粉。一般粉状化妆品选用每 25.4 mm×25.4 mm 面积上筛孔数为 120 目的筛网。

化妆品工业用的筛粉机,主要由电动部分、筛网和框板组成。由于筛孔较细,一般还附装有不同形式的刷子,在粉料过筛时不断地在筛孔上刷动,使粉料易于筛过。

四、灭菌器

制作粉状化妆品时,各种粉料在配料前必须事先经过灭菌。粉料灭菌一般是在灭菌器中进行,采用环氧乙烷气体灭菌。

粉料灭菌器的工作原理:将粉料加入灭菌器内,密闭后抽为真空。环氧乙烷在夹套加热器内加热到 50 ℃后汽化,然后通入灭菌器,保持压力 1000 N/m^2。其夹套用 50 ℃的水保温,维持 2~7 h。灭菌后,用真空泵将环氧乙烷气体经水池排出,再在灭菌器内通入过滤的无菌空气,将粉料储存于无菌的容器内备用。

环氧乙烷为环醚类化合物,在常温下为无色气体,由专用钢瓶储存。因为环氧乙烷易燃、易爆、有毒,应妥善保管。操作时要严格遵守操作规程,注意劳动保护。

五、包装机

粉状化妆品所采用的包装机,主要由储料斗和计量装置组成。进行包装时,计量装置可定量地将粉状产品装入包装器内。

六、自动压制粉饼机

自动压制粉饼机是将散粉加工成粉饼。主要由油压机、粉饼盘、加粉模具和自动控制等装置组成。机器启动后,粉饼空盘由转盘自动传送至加粉模具底部,由油压机自动压制成块。

其生产能力为每分钟自动压制 15～30 个粉饼。

自动压制粉饼机的操作过程是自动喂给机自动地将金属皿喂入，由传送带送至充填，由装料斗向金属皿中投入一定量的粉末，再转至油压系统，在模内加压成型，随后取出成型样品，然后，装置会将模具自动清扫，再次供给金属皿，连续循环运转。有的压饼机是多段压力机，全部自动控制。

第四节 其他设备

近年来，人们意识到化妆品包装的重要性，化妆品的包装与化妆品的质量一样受到重视。化妆品的包装物（各种包装容器、包装材料、包装设计、装潢标签等）和包装设备有了很大的发展。各种现代化的包装设备如自动封口机、喷码机、喷印机、贴标机、压盖机、打包机等已广泛使用。下面主要介绍唇膏机、封口（尾）机和喷码机（喷印机）等设备。

一、唇膏机

唇膏机是一种专门用于生产唇膏的设备。唇膏成型可有两种方法，即金属模成型法和自动成型法。

金属模成型法是将熔融的唇膏注入金属制的分开式模具中，用模具冷却器（板）使其冷却，然后令其脱模、成型，还可过文火快速灼烧其表面，使唇膏外观光泽明亮，采用这种方法的生产设备还有浇注锅（一般都附有夹套油加热及搅拌设备）、唇膏模托架及模具冷却器等。

自动成型法是采用唇膏自动生产机进行脱模成型的，唇膏自动生产机是由尖拱、封壳成型生产流水线组成，模具为树脂制的尖拱形罩（或称为鞘），在旋转板上装有多个尖拱形罩，将唇膏自动注入鞘中进行成型，后自动脱鞘。

二、封口（尾）机

在化妆品的包装中，对于塑料复合材料软管或硬质塑料瓶等在灌装化妆品后进行封口（尾）是很重要的一道工序。完成封口的封口机有多种类型，如热风封口机、超声波封口机、电热封口机等。

表面不受热的影响，壁内表面加热过程中，热气流随即被负压吸走，使热气不进入软管内部，保持管内已灌注产品的温度不变，管尾内壁被加热，塑料迅速热熔，热风停止后，尾部在加压下完成封口。

三、喷码机（喷印机）

在化妆品的包装过程中，需要在化妆品的包装物（瓶、管、盒、盖等）上打印各种文字说明、标记，如生产批号、生产日期、使用日期等。

现代商品包装为适应国际贸易的要求，必须具有条码。条码或称条形码，是一种能利用光电扫描阅读设备识读并实现数据输入电脑的特殊代码。它是由一组粗细不同，能满足一定光学对比度的任意两种颜色（如黑白、蓝白等）相间的条、空及其相应的字符（数字、字母）组成的标记，用以表示一定的信息。

目前在包装物上喷印条码及各种标记如生产日期、使用日期、合格字样等的设备都采用喷码机。喷码机是采用当今高新技术——喷墨射印技术来设计的，其工作原理是根据不同的喷印内容，经光电感应器给每个"墨滴"充的电量不同(墨滴是油墨在齿轮泵产生的压力作用下由喷嘴喷出的，喷头内有晶体振荡器控制喷射)，带不同电量的墨滴在恒定电场内产生了不同角度的偏转，形成了来回扫描的墨线，这样即在接受物(受印物)上留下所喷印的信息。喷码机可在任何材料(玻璃、塑料、金属、纸张等)及任何形状包装物上喷印。另外，喷码机的喷印速度快，可与任何化妆品生产流水线相匹配。

第五节　中草药提取物的制备技术

一、溶剂和浸提辅助剂

(一) 常用溶剂

浸提过程中，浸提溶剂的选用对浸提效果有显著的影响。浸提溶剂应对有效成分有较大的溶解度，对无效成分少溶或不溶，安全无毒，价廉易得。常用的溶剂有水、乙醇、脂肪油、甘油与丙二醇等(表 3-2)。

表 3-2　不同浓度乙醇适合提取的成分

乙醇浓度	适合提取的成分
90%以上	挥发油、树脂
70%～80%	生物碱盐
60%～70%	生物碱、苷类、鞣质
45%	水溶性成分

(二) 常用的浸提辅助剂

为了提高浸提效能，增加浸提成分的溶解度，增加化妆品的稳定性，除去或减少某些杂质，在浸提溶剂中特地加入的某些物质叫浸提辅助剂。常用的浸提辅助剂有酸、碱、甘油及表面活性剂等。

1. 酸

加酸的目的是促进生物碱成盐，以利于浸提、沉淀某些杂质。例如，加酸能使有机酸游离，再用有机溶剂，提取有机酸。常用的酸有盐酸、硫酸、冰醋酸等。加酸时应注意用量不宜过大，否则会引起水解等不良反应。

2. 碱

加碱的目的是使酸成盐，以利于浸提和防止水解，如甘草酸的浸出；使碱性成分游离，用有机溶剂提取，如生物碱；沉淀杂质，如用碳酸钙沉淀鞣质、有机酸等。常用的碱有氢氧化铵、氢氧化钙等。加碱时应注意：由于氢氧化钠碱性过强，易破坏有效成分，故一般不采用。

3. 表面活性剂

加表面活性剂的目的是降低溶剂与细胞膜的界面张力，有助于溶剂进入细胞，溶解有效成分，从而提高浸提效果。

在浸提过程中，用表面活性剂的现象不普遍。一般都选择非离子型的表面活性剂，因为非离子型表面活性剂毒性小,与有效成分不起化学反应。由于中草药中的有效成分所属的种类不同、浸提方法不同,故选用表面活性剂的种类也不同,取得的浸提效果也不同。如何选择浸提效果好的表面活性剂,需要在实践中摸索。

二、浸提原理

浸提过程是指溶媒进入中草药的细胞、组织内,溶解或分散其有效成分,得到浸出液的全部过程。中药可分为植物性中药、动物性中药和矿物性中药三大类。

植物性中药有效成分的相对分子质量一般都比无效成分的相对分子质量小,浸提时要求有效成分透过细胞膜渗出,无效成分仍留在组织中。

动物性中药的有效成分是蛋白质或多肽类,相对分子质量较大,难以透过细胞膜。因此,植物性与动物性中药的浸提过程不同。

矿物性中药无细胞结构,其有效成分可直接溶解或分散悬浮于溶剂中。

在中药化妆品的制备中,用植物性中药的机会较多,故着重介绍植物性中药的浸提原理和影响浸提的因素。

(一)植物性中药的浸提原理

植物性中药的浸提过程包括三个阶段:浸润、渗透,解吸、溶解,扩散、置换。

1. 浸润、渗透阶段

浸润、渗透阶段指溶剂湿润植物细胞的表面,然后进入植物细胞内部的过程。药材经干燥后,细胞组织中的水分被蒸发,细胞逐渐萎缩,细胞液中的物质呈结晶或无定形状沉淀于细胞中,细胞内出现空洞,充满空气。当药材粉碎时,一部分细胞可能破裂,其中所含成分可直接被溶剂浸出。但大部分细胞在粉碎后仍保持完整状态,当与溶剂接触时,首先被溶剂湿润,然后溶剂慢慢进入细胞中。

溶剂与药材细胞湿润容易程度,取决于溶剂与药材的性质,主要反映在两者之间的界面情况。一般非极性溶剂不易从富含水分的药材中浸提有效成分,极性溶剂不易从富含油脂的药材中浸提有效成分,故宜选择适宜的溶剂浸提有效成分。如果含油脂多的药材要用极性溶剂作为浸提溶剂,则需先用有机溶剂脱脂。

2. 解吸、溶解阶段

解吸、溶解阶段指溶剂克服细胞中各种成分间的亲和力,使各种成分溶于溶剂中的过程。一般来讲,乙醇的解吸作用较好。在溶剂中加适量的酸、碱、甘油及表面活性剂,也能帮助解吸,增加溶解作用。

3. 扩散、置换阶段

扩散、置换阶段指溶剂溶解有效成分后,从细胞内到细胞外,有效成分均匀地分散在浸出液中的过程。当溶剂在细胞中溶解大量可溶性物质后,细胞内溶液浓度显著增加,使细胞内外出现浓度差和渗透压差。由于浓度差的关系,细胞内高浓度的溶液不断向细胞外低浓度扩散,而细胞外低浓度的溶剂,由于渗透压的作用又不断进入细胞内,以平衡渗透压。

浸提过程的三个阶段往往是交错进行的,并非截然分开的,但一般药材的有效成分浸出,均需经过这几个阶段。

(二)影响浸提的主要因素

1. 药材的粉碎度

从扩散理论上说,药材粉碎得越细,与浸提溶剂的接触面越大,扩散面也越大,故扩散速度越快，浸提效果越好。

但在实际工作中，植物性中药应根据药材性质和所用的溶剂来决定粉碎度。一般用水作为溶剂，药材可粉碎成薄片或小段，这是因为药材遇水能膨胀，药材粉碎得太细，膨胀后互相吸附堵塞，浸提溶剂扩散流动困难。并且药材细胞大量破裂，细胞内的杂质也溶于浸出液中，造成浸出液黏度大、杂质多，给制备操作带来困难。若用乙醇作为溶剂，药材可粉碎成粗末(20 目左右)，这是因为乙醇对药材的膨胀作用小。药材不同，要求的粉碎程度也不同，通常叶、花、草等疏松药材，宜用较粗的粉末；坚硬的根、茎、皮类，宜用较细的粉末；动物性中药则要求较细碎一些。

2. 浸提温度

一般来说，温度越高，扩散速度越快。因为温度升高能使植物组织软化、膨胀，增加可溶性成分的溶解和扩散速度，促进有效成分的浸提。温度适当升高，可使细胞内蛋白质凝固、酶被破坏，有利于有效成分的浸提和产品的稳定性。但浸提温度过高，会导致药材中某些不耐热的成分分解，或挥发性成分散失，也可浸出较多的无效成分，影响产品的质量。因此，在浸提过程中，要适当控制温度。

3. 浸提时间

在扩散未达到平衡时，浸提时间与浸提量成正比，即时间越长，扩散值越大，越有利于浸提。但当扩散达到平衡时，时间不起作用。如用水作为浸提溶剂，长期浸提会使某些有效成分分解，浸出液也有霉变的可能，故不能随意延长浸提时间。

4. 浓度差

增加浓度差能增加扩散速度，使扩散物质的量增多，因为浓度差是细胞内、外浓度相平衡过程的扩散作用的主要动力。

在浸提过程中不断搅拌，更换新鲜溶剂，以及采取流动溶剂的浸提方法，就是为了加大扩散层中有效成分的浓度差，提高浸提效果。

5. 溶剂的 pH 值

在浸提过程中，根据药材中有效成分的理化性质，调整浸提溶剂的 pH 值，有利于提高浸提效果。如用酸性溶剂提取生物碱，用碱性溶剂提取皂苷等。

6. 新技术的应用

采用新技术，不仅能提高浸提效果，加快浸提过程，而且有助于提高产品的质量。如利用超声波浸提颠茄叶中的生物碱，从原来的渗漉法需 48 h 缩短至 3 h。

三、浸提方法

(一) 浸渍法

浸渍法简便、常用。这种方法是将药材置于容器中，加溶剂浸泡数天或数月，取出浸出液的一种方法。

1. 特点

(1) 常温或加温。

(2) 溶剂定量或不定量，浸出液定量。

(3) 一次浸渍或多次浸渍(提高浸提效果，减少药渣的吸附)。

(4) 压榨药渣(减少损失)，比较适用于黏性物质的浸提。

2. 使用设备

缸、坛、不锈钢罐、搪瓷罐、陶瓷罐、木桶等。使用木制容器时要求专用，以防止各种可溶性成分渗入材料中，在浸渍另一产品时渗出，影响浸出液的纯度。

3. 注意事项

(1) 需有足够的溶剂。

(2) 应进行搅拌或使溶剂流动，且压榨药渣。

(3) 浸提时间的长短，应按实际浸提效能决定，以扩散至平衡时较宜。如冷浸比热浸时间长，静置浸渍比搅拌浸渍时间长。

(二) 煎煮法

煎煮法是中草药制备中最常用的方法，即将经过处理的药材，加适量水加热煎煮 2～3 次，使其有效成分煎出的方法。

1. 特点

(1) 简便易行，能煎出大部分有效成分。

(2) 煎出液杂质多、容易霉败，不适合不耐热或含挥发性成分的药材浸出。

2. 使用设备

砂锅、铜锅、铜罐，生产中用多功能提取罐、敞口倾斜夹层锅等。

3. 注意事项

(1) 煎煮前用适量水浸泡药材，加水量以煮沸后能覆盖药面为度。

(2) 加热温度要求沸前要高，沸后要低。

(3) 煎煮时间和次数根据药材的坚硬度、粉碎度和数量来定(第一次煎煮以药材透心为度，第二次煎煮以药材无味为度)。

(4) 直火加热，应在锅底装假底，避免药材焦化，质轻的药料上面要压重物。

(三) 渗漉法

渗漉法是指往药材粗粉中不断添加浸提溶剂并使其通过药粉，从下端口流出浸出液的一种浸提方法。

渗漉时，溶剂渗入药材的细胞中溶解大量的可溶性物质后，由于浓度增高、密度增大并向下移动，上层的浸提溶剂或稀浸液置换其位置，造成良好的浓度差，使扩散能够较好地自然进行，故浸提效果优于浸渍法。

渗漉法的使用设备一般为圆柱形或圆锥形，膨胀性大的药材用圆锥形渗漉筒，筒的长度为筒直径的 2～4 倍。

1. 渗漉工艺

渗漉法的工艺为药材＋浸提溶剂→装筒→排气→渗漉→收集滤液。

2. 注意事项

(1) 药粉不能太细，以免堵塞孔隙，妨碍溶剂通过。

(2) 装筒前先将药材湿润膨胀，以免在渗漉筒中膨胀、堵塞。

(3) 装筒时药粉的松紧及使用压力应均匀适度。装料太松，溶剂流过速度快，浸提不完全；装料太紧，易堵塞，甚至无法渗漉。

(4) 药材装量不超过容积的 2/3，并保持溶剂高出药材数厘米，否则药材容易干涸开裂。

(5) 排空气，先开浸液出口，再加溶剂，避免气泡上冲，使粉柱松动。

(6) 控制渗漉速度。速度太快,有效成分来不及浸提和扩散;速度太慢,影响设备利用率和产量,速度与药材性质有关,坚硬的药材则慢漉。

(四) 水蒸气蒸馏法

此法适用于具有挥发性,能随水蒸气蒸馏而不被破坏,与水不发生反应,又难溶或不溶于水的化学成分的提取、分离,如挥发油的提取、香料的制备等。

水蒸气蒸馏可将药材加水、加热蒸馏,也可将药材通过蒸气加热蒸馏,收集馏出液。重蒸一次,可提高馏出液的浓度和纯度。

(五) 回流提取法

回流提取法是用乙醇等挥发性有机溶剂进行提取,提取液被加热,挥发性溶剂馏出后又被冷凝,重复流回浸出器中浸提药材,这样周而复始,直至有效成分回流提取完全的方法。

回流提取法可分为回流热浸法和回流冷浸法。回流热浸法是将溶剂加入药材饮片或粗粉中,浸泡一定时间后水浴加热,回流浸提至规定时间,滤出回流液,添加新溶剂再回流 2～3 次,合并回流液,回收溶剂,即得浓缩液。回流冷浸法是将药材饮片置于浸出器中,加入溶剂,待浸出液充满虹吸管时,则自动流入蒸发锅中,在蒸发锅中被加热蒸发,水蒸气经冷凝后又流入浸出器,反复浸提至规定时间。回流热浸法的溶剂只能循环使用,不能不断更新,需更换新溶剂 2～3 次,溶剂用量较大,且由于需连续加热,浸出液受热时间较长,故不适用于遇热易受破坏的药材成分的提取。而回流冷浸法的溶剂既可循环使用,又能不断更新,溶剂用量较回流热浸法少,且浸提更完全。

(六) 超临界流体萃取法

超临界流体萃取法是利用超临界流体处在超临界状态下具有的高密度、低黏度和扩散系数大的性质提取有效成分,然后应用降压的方法将溶解于流体中的溶质分离,起到提取与蒸馏双重作用。该法既可避免高温、又不残留溶剂,具有省时、节能、降耗、提取效率高、对环境无污染等优点。该技术一般适合于提取亲脂性、相对分子质量小的物质,对于相对分子质量大、极性大的成分加夹带剂(如乙醇、甲醇等)可大幅度提高提取压力。

(七) 超声波提取法

超声波提取法是利用超声波的空化作用、机械作用、热效应等增大物质分子的运动频率和速度,增加溶剂的穿透力,从而提高药材有效成分的浸出率。与煎煮法、浸渍法、渗漉法等传统的提取方法比较,具有省时、节能、提取效率高等优点。

四、精制方法

用浸提方法得到的中草药浸出液一般体积较大,有效成分含量较低,且混有一些杂质,还需进一步分离和精制。常用的精制方法有水醇法、醇水法、液-液萃取法、酸碱法、盐析法及透析法等。

(一) 水醇法与醇水法

1. 水提醇沉法

水提醇沉法简称水醇法,是最常用的方法。这种方法是一种先以水为溶剂浸提中草药有效成分,再以乙醇沉淀去除杂质的方法。

水醇法的原理:利用中草药中的大多数有效成分既溶于水又溶于醇(如生物碱盐、苷、氨基酸、有机酸等)而大部分无效成分不溶于醇(如蛋白质、糊化淀粉、黏液质、油脂、脂溶性色素等)的性质,将水浸液加醇后,去掉杂质,从而达到精制的目的。

在使用水醇法过程中,应注意以下几个事项。

(1) 水浸液需浓缩至一定体积,醇液浓度应控制在一定范围内(一般用95%的乙醇)。药液含醇量应视所需去除杂质的性质而定,含醇量达50%~60%,可除去淀粉等杂质;含醇量达75%,可除去蛋白质等杂质;含醇量达80%,可除去多糖、鞣质、无机盐类等杂质。药液含醇量应逐步提高,分次醇沉效果好。

(2) 有效成分为苷元、香豆精、内酯、黄酮等在水中难溶的成分时,应首先考虑提高其在水中的溶解度,再进行醇沉,否则损失太大。如调节pH值,使其成盐溶解,以免醇沉时被沉淀、滤除。

(3) 对于难以除尽的鞣质、酸性树脂等,因有极性基团微溶于水、难溶于乙醇,可考虑在含醇液中调节pH值至8,以除去鞣质、树脂酸、芳香族有机酸等。

2. 醇提水沉法

醇提水沉法简称醇水法,其基本原理及操作大致与水提醇沉法相同,不同之处是用乙醇提取可减少生药中黏液质、淀粉、蛋白质等杂质的浸出,故对含这类杂质较多的药材较为适宜。不同浓度的乙醇可提得不同的物质。

(二) 液-液萃取法

液-液萃取法是利用混合物中的不同成分在两种互不相溶的溶剂中分配系数的不同,来达到分离的一种方法。

液-液萃取法的关键是选择合适的溶剂。各成分在二相溶剂中,分配系数相差越大,则分离速度越快,效率越高。常用的溶剂有水-氯仿、水-正丁醇。

(三) 酸碱法

酸碱法是利用中药中的成分在水中的溶解性与酸碱度有关的性质,在溶液中加入适量的酸或碱,调节pH值至一定范围,使这些成分溶解或析出,以达到提取分离的方法。

一般酸性或中性成分在碱性水溶液中比较容易溶解,在酸性水溶液中可沉淀析出,如黄酮苷、香豆精、芳香酸、树脂、多元酸等。某些碱性成分在酸性水溶液中较易溶解,加碱则沉淀析出,如多数生物碱、有机胺等。

本法适用于多数生物碱、有机酸、苷类、蒽醌等化合物的分离。如甘草酸用碱性水溶液提取,酸性水溶液析出的方法提取;黄酮苷也可用碱性水溶液提取,酸性水溶液析出的方法提取。

(四) 盐析法

盐析法是利用不同蛋白质在高浓度的盐溶液中,溶解度降低而出现沉淀,从而与其他成分分离的方法。盐析的主要原因是大量无机盐地溶入,使高分子物质的水化层脱水,从而溶解度降低而析出。本法适用于有效成分为蛋白质的中草药。

在使用盐析法的过程中,应注意以下几个事项。

(1) 将蛋白质溶液pH值调节至其等电点或等电点附近,盐析所需的盐浓度越小,盐析作用越易发生。如需分离各种蛋白质,可将盐浓度逐渐递增。

(2) 盐析温度不能过高,否则蛋白质易变性。

被盐析的蛋白质含有大量的盐,可用透析法除去盐。常用中性盐、氧化钠、硫酸铵、硫酸钠、硫酸镁等盐类进行盐析。

(五) 透析法

透析法是利用小分子物质在溶液中可通过半透膜,而大分子物质不能通过半透膜的性质,借以达到分离的方法。

选用透析法,应注意以下几个事项。

(1) 选用具有许多细孔的天然或人造薄膜。膜孔的大小,按需分离的成分的具体情况选择,以能选择性地让某些物质通过而不让另一些物质通过为宜。

(2) 将药液置于膜袋内,将膜袋浸入水中,膜袋内的小分子物质透过膜袋进入水中,而大分子的物质留在膜袋中。根据所需取舍,如果需要除去盐,则取袋内蛋白质;如果需要除去蛋白质,则取袋外溶液(需浓缩)。

(3) 要加快透析速度,需加大膜袋内外的浓度差,并加以搅拌。除此以外,还可在透析膜外安装两个电极,通电后,使带正电荷的成分如生物碱类向阴极移动,使带负电荷的成分如有机酸类向阳极移动,而中性成分及高分子物质则在电透析器中间,从而加快了透析速度。

(4) 要提高透析效果,可人为地拉大大分子与小分子的差距。如在药液中加明胶,使鞣质与蛋白质形成更大的分子,留在膜袋内。

除以上精制方法外,还有分子筛法(凝胶过滤法)、聚酰胺吸附法、离子交换法、结晶法等。

五、分离方法

中药材的浸出液,往往是一种固体(药渣等)和液体(浸出液)的混合物,须加以分离。分离方法通常有沉降虹吸法、离心法、滤过法等。

(一) 沉降虹吸法

沉降虹吸法适用于固体与液体密度相差悬殊之时,主要是借助固体本身质量下降,吸取上清液来进行分离。本法静置时间长,功效低,分离不完全,往往还需过滤。

(二) 离心法

离心法是指借助离心作用,使固液分离的方法。本法分离效果好,但不适合大生产。

(三) 滤过法

滤过法是将混合液通过多孔滤材,使固液分离的方法。最常用的是普通过滤法,具有趁热过滤、时间短、功效高等特点。本法一般过滤后可以去除药渣,提取药液,但如果有效成分为沉淀物或结晶,则过滤后取滤器上的固体物质。

常用的滤材有纱布、麻布、棉布、绸布、尼龙绸、滤纸、石棉板、滑石粉、硅藻土以及各种高分子物质制成的多孔性薄膜。常用的滤器有漏斗(三角、布氏、垂熔玻璃)、压滤器、板框式压滤机等。

影响滤过速度的因素有以下几个。

(1) 液体的黏稠性:液体黏稠性大,则滤过速度慢。因此可通过加温减少药液黏稠的方法,提高滤过速度。

(2) 滤材:滤材的孔径数少、孔径小、毛细管长,则滤过速度慢。

(3) 滤过面上下的压力差:滤过面上下的压力差越大,则滤速越快。

(4) 滤渣层的厚度:滤渣层越厚,则滤过速度越慢。

(5) 有无大分子胶体物质:有大分子胶体物质,则易堵塞滤孔,影响滤过速度。

除普通滤过法外,还有微孔滤膜过滤法和超滤法等。

第六节 中草药化妆品的制备工艺

化妆品种类繁多，形态各异（粉末状、液体状、膏体状、喷雾状等），其生产制备工艺既有共性部分又各有区别。

一、乳膏类化妆品的制备工艺

乳膏在化妆品中应用非常广泛，包括各类膏霜和乳液。膏霜是指固态或半固态的乳化制品，黏稠度较高。当水相比例较大时，乳化制品的黏稠度降低，在重力下可倾倒，这样的乳化制品称为乳液或奶液。

乳膏种类较多，其制法略有差别，一般乳膏的制备工艺流程如图 3-5 所示。

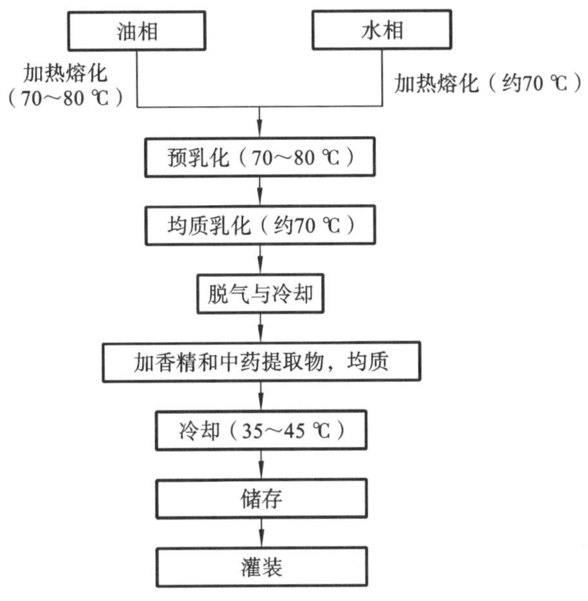

图 3-5 乳膏的制备工艺流程

（一）油相的处理

先把液状油分加入油相溶解锅内，在不断搅拌下，将固态和半固态油分加入其中，加热至 70～80 ℃，使其完全溶解、混合并保持在 70 ℃。要避免过度加热和长时间加热，以防止原料成分变质。防腐剂和乳化剂可在乳化之前加入油相，溶解均匀后，即可进行乳化。

（二）水相的处理

先把亲水性成分如甘油、丙二醇、山梨醇等保湿剂加入精制水中（如需皂化、乳化时，则增加碱类等），加热至约 70 ℃。

如配方中含有水溶性聚合物，这类胶黏质需单独配制，溶质质量分数为 0.1%～2%，在室温下充分搅拌，使其充分溶胀。如有必要，可进行均质。在乳化前加热至约 70 ℃，要避免长时间加热，以免引起黏度变化。

（三）乳化

将水相和油相混合后进行乳化。乳化温度为70～80 ℃，一般比最高熔点的油分的熔化温度高5～10 ℃较合适。切忌在还存在有未溶化的固体油分时开始乳化或水相温度过低，以免混合后发生高熔点油分结晶析出的现象。如发生这种情况，需将体系重新加热至70～80 ℃进行乳化。

均质的速度和时间因不同的乳化体系而不同。含有水溶性聚合物的体系，均质的速度和时间要严加控制，以免过度剪切，破坏聚合物的结构，造成不可逆的变化，从而改变体系的流变性质。

香料、中草药提取物或活性剂的添加，一般在低于50 ℃条件下进行，对温度较敏感的中草药提取物或活性剂，可在更低的温度下添加，以确保其活性。

（四）脱气与冷却

乳化后，乳化体系经加热搅拌脱气后，再冷却近室温。冷却条件，如冷却速度、冷却时的剪切应力、终点温度等对乳化体系的粒子大小和分布都有影响，必须根据不同乳化体系，选择最优化的条件。

（五）灌装

一般化妆品储存一天或数天后应进行质量检查，合格后再用灌装机灌装。

二、液体化妆品的制备工艺

液体化妆品，如透明液体香波，外观清澈透明，深受广大消费者欢迎。其制备工艺流程如图3-6所示。

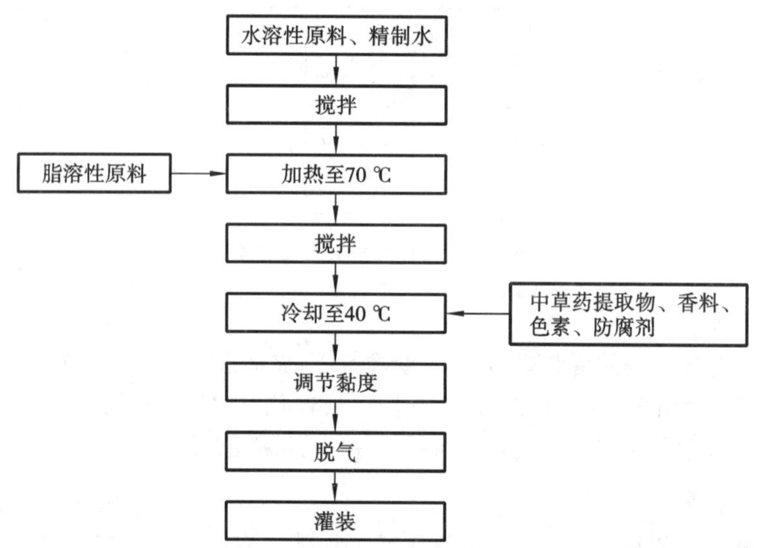

图3-6 液体化妆品的制备工艺流程

制备透明液时，水溶性较好的原料可直接采用冷混合法制备。当配方中含有蜡状固体或难溶性物质时，必须采用热混合法，但温度一般不能超过70 ℃，以免配方中成分遭到破坏。

三、粉状化妆品的制备工艺

粉状化妆品常用于面部美容及身体吸汗或防痱治痱，如胭脂粉、爽身粉、痱子粉等。其制备工艺流程如图 3-7 所示。

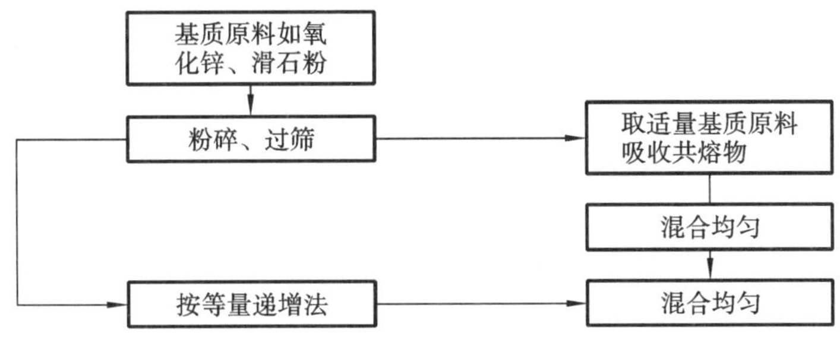

图 3-7 粉状化妆品的制备工艺流程

配制粉状化妆品的关键是将各组分混合均匀，要达到混合均匀的目的，通常要按等量递增法的原则进行混合。两种物理状态和粉末粗细程度均相似、体积相等的组分，经过一定时间的混合，一般容易混匀。若组分比例相差悬殊，则不易混合均匀，这种情况应采用等量递增法混匀。其方法是取量小组分及等量的量大组分，同时置于混合器中混合均匀，再加入与混合物等量的量大组分混合均匀，如此倍量的增加直至加入全部量大组分为止，再混匀、过筛。

四、固体化妆品制备工艺

固体化妆品除了粉剂外，还有香皂、唇膏等，它们的工艺各异，下面分别介绍香皂和唇膏的制备工艺。

（一）香皂的制备工艺流程

将油脂、碱等原料置于煮皂设备中，加热进行皂化反应，生成皂基，皂基干燥后添加中草药提取物、香料等，经过搅拌、研磨等过程，即可制得香皂。其制备工艺流程如图 3-8 所示。

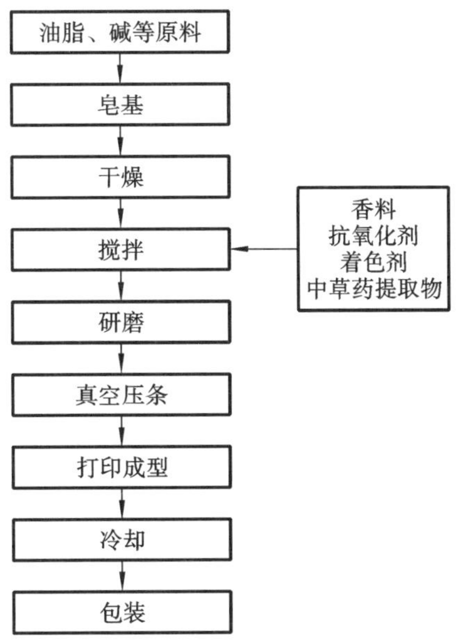

图 3-8 香皂的制备工艺流程图

（二）唇膏的制备工艺流程

将油性成分在混合器内加热到 100 ℃左右，搅拌，混匀。待温度降至 70 ℃左右时加入其余组分，混合均匀。经注模、脱模、包装即可得成品。其制备工艺流程如图 3-9 所示。

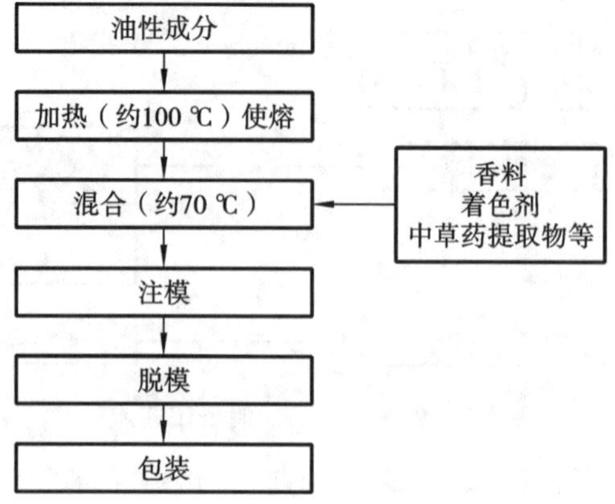

图 3-9　唇膏的制备工艺流程

第四章　中草药肤用类化妆品

第一节　皮肤的结构与生理功能

皮肤是覆盖于人体表面的重要器官，是机体的重要组成部分，起防止外界刺激、保护人体组织器官的作用。

一、皮肤的构造

皮肤是由表皮、真皮和皮下组织组成(图 4-1)。

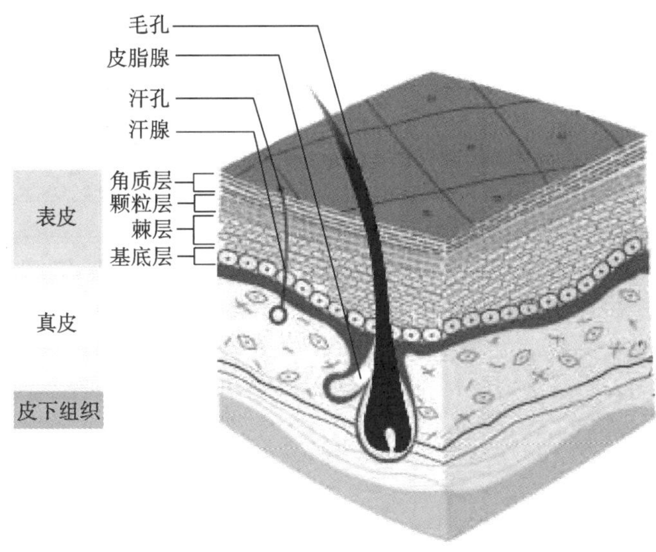

图 4-1　皮肤构造示意图

(一) 表皮

表皮是皮肤最外面的一层组织，平均厚度为 0.2 mm。根据细胞的不同发展阶段和形态特点，由外向内，可将表皮分为角质层、透明层、颗粒层、棘层和基底层。

1. 角质层

角质层由数层角化了的扁平细胞组成，含有角蛋白，能抵抗摩擦，防止体液外渗和化学物质内侵，是人体良好的天然屏障。

角质层是皮肤最重要的一道屏障，能阻止外界物质的侵入，但它不是一道密不透风的墙，而是一层半通透性的薄膜。角质层的通透性与其厚度及生物化学因素有关。病理性的角化过度或剥离障碍致使角质层过厚，会使化妆品的透皮吸收减少；角化不全、角质层过薄，或人为去除角质层则会增加化妆品渗透吸收，当然这也是导致化妆品过敏的因素。角质层含有脂质的胞间空隙是化学物质透过角质层的首要通道，因此胞间脂质生物化学组成的变化将显著改变皮肤渗透的动力学。角质层所含的“天然保湿”因子组成的变化则直接影响皮肤的水合作用，决定角质层的吸湿性及水分吸收速度和渗透程度。

角蛋白的吸水力较强，一般含水量不低于 10%，以维持皮肤的柔润和化妆品中的水分子则通过角质层的水合吸湿和浸润渗透作用被皮肤吸收。角质层中的水分呈结合水和游离水两种状态。结合水是在角质细胞内与氨基酸、蛋白质、离子类等“天然保湿”因子结合的分子状态水。游离水是在角质层微细的间隙内出现的微小水滴。原生结合水结合力牢固，不易被蒸发释放，而化妆品提供的次生结合水结合力脆弱，在干燥环境下易解离。

2. 透明层

透明层由 2～3 层无核的扁平透明细胞组成，含有角母蛋白，能防止水分、电解质和化学物质透过，故又称屏障带。

3. 颗粒层

颗粒层由 2～4 层扁平菱形细胞组成，含有大量嗜碱性透明角质颗粒，具有良好的防水等屏障作用。

4. 棘层

棘层由 4～8 层多角形的棘细胞镶嵌排列而成，位于基底层上。靠近基底细胞的棘细胞有分裂的能力，棘细胞间隙内充满淋巴液。

5. 基底层

基底层又名生发层，在表皮的最深部，与真皮相接，由一层圆柱状的基底细胞组成。基底细胞具有很强的分裂增生能力，它们产生的细胞逐渐向表层推移、角化、变形，形成表皮，最后角化脱落，全过程一般需 28 天。

基底细胞中间夹杂一种来源于神经嵴的黑素细胞，它能产生黑素，黑素含量的多少决定皮肤颜色的深浅。常受日光照射的皮肤，黑素增加，皮肤颜色会变深。黑素能吸收紫外线，避免紫外线穿透皮肤损伤内部组织。

表皮与其下面的真皮呈波浪式连接，表皮向下伸入真皮的部分，称为表皮乳突，真皮以同样形式伸入表皮的部分称为真皮乳头。

（二）真皮

真皮来源于中胚层，由胶原纤维、弹力纤维、网状纤维和基质细胞等组成。真皮分两层，其上部接近表皮处称为乳头层，下部称为网状层，两层之间并无明显界限。真皮内含有丰富的血管、淋巴管、平滑肌和汗腺、皮脂腺、毛发等皮肤附属器，还有许多可以感受外界刺激的感觉神经末梢。因此，皮肤能感受冷、热、触、痛等刺激。

（三）皮下组织

皮下组织是皮下脂肪积聚之处，故亦称皮下脂肪组织。它由大量脂肪细胞、疏松结缔组织和血管组成，存在于真皮、肌肉以及骨骼之间，富有弹性，能缓冲机械震荡，保护肌肉、骨骼，并有防止热量散失、维持体温的作用。

（四）皮肤的附属器

皮肤的附属器包括汗腺、皮脂腺、毛发与指(趾)甲等。它们是由表皮衍生而来的。

1. 汗腺

小汗腺：位于皮下组织和真皮网状层，几乎分布于全身，头、面、手、足部尤多。

大汗腺：位于腋窝、乳晕、肛周、外生殖器等部位，青春期后，分泌旺盛，其分泌物由细菌分解，产生特殊的狐臭气味，这就是与大汗腺有关的狐臭症，可使用除臭化妆品加以解脱。

汗腺分泌汗液，有调节体温和排泄作用。平时汗腺分泌的汗液比较少，以肉眼看不见的气体形式散发出来，这叫作无感触的蒸发排泄。但当汗腺的分泌量增加时，它就在皮肤表面形成水滴状。

汗液一般是透明的，几乎无色无臭，密度为 1.001～1.006 g/cm^3，pH 值为 4.5～6.5，属于弱酸性物质。汗液中含有大约 99％的水分，0.2％～0.5％的盐分，1％的乳酸，此外还含有氨基酸和尿素等，与尿的成分很相似。

2. 皮脂腺

皮脂腺位于真皮内，靠近毛囊，除手掌和足跟外，分布于全身，以头皮、面部、胸部、肩胛间、阴阜等处较多。例如，头皮和面部每平方厘米有 400～900 个皮脂腺，其他部位为 100 个左右。皮脂腺能分泌皮脂，皮脂具有滋润皮肤和毛发的作用，而且能够防止体内水分的蒸发。此外，由于皮脂中的脂肪酸有杀菌作用，因此有防御体外细菌的作用。

3. 毛发

毛发可分为长毛、短毛、毳毛三种。长毛包括头发、胡须、腋毛、阴毛等，短毛包括眉毛、鼻毛、耳毛等，毳毛又称毫毛，除掌、趾、乳头及指(趾)末节以外，分布于全身。毛发具有保护皮肤和保温的作用。毛发由毛髓质、毛皮质及毛小皮组成。毛发露出皮肤表面的部分称为毛干，皮内部分称为毛根，毛根下段膨大的部分称为毛球，突入毛球底部的部分称为毛乳头。毛乳头含有丰富的血管和神经，可以维持毛发的营养和生长，如果毛乳头发生萎缩，则毛发脱落。毛根在皮肤内被一管状囊包绕，这个管状囊称为毛囊，毛囊由结缔组织和毛囊上皮组成。

4. 甲

甲包括指甲和趾甲。它们是一种角质化的半透明的薄片，与表皮一样，分为角质层和棘层。其含水量为 7％～12％，脂肪含量为 0.15％～0.76％。指甲的生长速度比趾甲快，成年人指甲的生长速度平均每日约为 0.1 mm。

二、皮肤的功能

皮肤具有硬质蛋白质组成的角质层覆盖的表皮，坚韧的纤维组织构成的真皮，富有弹性的皮下组织和各种附属器，对人体起着十分重要的作用。

(一) 保护作用

皮肤是人体抵御外界有害因素侵入人体的第一道防线，具有保护皮下各种组织和器官的功能。表皮坚韧柔软，真皮富有弹性，皮下组织具有软垫作用，能缓冲机械性的冲击。角质层和透明层是电的不良导体，能抵抗轻度酸、碱和化学药品的刺激，还能阻止水分和细菌的侵入。角蛋白和黑素能将大部分日光折射，并能吸收紫外线，从而保护机体免受日光的损伤。

人体皮肤表面分泌的汗液和皮脂混合形成一层膜，这层膜称为皮脂膜。由于皮脂内含有脂肪酸，因此能抑制皮肤表面上存在的部分常见菌，如化脓性细菌、白癣菌的繁殖，对皮肤产生自我净化作用。皮脂膜将皮肤覆盖，既能防治皮肤干燥，又能赋予皮肤柔软的弹性，是人体皮肤最理想的保护剂。

（二）感觉作用

皮肤内分布着丰富的感觉神经末梢，因此对外界的刺激十分敏锐。感觉分为冷、热、触、压、痒、痛等。当皮肤接收某一外界刺激时，通过神经传导和大脑皮层的分析，可以进行敏感判别，并做出相应的预防措施。

（三）调节体温的作用

在外界和体内温度发生变化时，皮肤对体温起着调节作用。当外界气温降低时，皮肤的毛细血管收缩，血流量减少，汗液分泌减少，可以防止体内热量外散。外界气温升高时，血管扩张，汗液分泌增多，以利散热。此外，体表周围空气的对流和传导对体温的调节有一定的意义。

（四）吸收作用

皮肤具有预防外界异物侵入机体的能力，同时还具有选择性地吸收外界物质的作用。

经皮肤吸收的主要途径是渗入角质层细胞，再经表皮各层到达真皮，通过小血管吸收入血进入血液循环。此外，还可通过毛囊、皮脂腺和汗腺导管被吸收。其吸收程度与角质层的厚度、接触面积、皮肤含水量、被吸收物质的性质有关。一般认为角质层薄、接触面积大、脂溶性强的物质易被吸收。如耳后角质层较薄、吸收物质的能力就强；脂溶性的维生素 A、维生素 D、维生素 E 较易吸收。另外，按摩、加热等条件也可促进吸收。

（五）分泌作用

皮肤的分泌作用主要包括汗腺分泌汗液，皮脂腺分泌皮脂。

小汗腺近 200 万个，分布于全身，不时分泌汗液。汗液的分泌受体温调节中枢控制，平时成人不显性发汗每 24 h 可达 500 mL 左右，夏季一般为 2000～5000 mL。汗液呈弱酸性，既能保持皮肤表面的湿润，也能调节体温和排出废弃物。

皮脂腺能不断地分泌皮脂，皮脂呈酸性，含有脂肪酸、胆固醇等。皮脂不仅能润泽皮肤和毛发，保护角质层，防止水及化学物质的渗入，而且能抑制细菌生长及排出体内某些废弃物。

（六）皮肤的中和作用

皮肤的 pH 值为 4.5～6.5，实际上是皮肤分泌出来的汗和皮脂中的成分的 pH 值。一般来说，皮肤的 pH 值因人种、性别、年龄、季节等的不同而不同。例如，幼儿皮肤的 pH 值比成人高，女性皮肤的 pH 值比男性稍高。另外，即使是同一个人，其不同部位皮肤的 pH 值也各不相同。

皮脂膜上的皮脂和汗的混合物，对皮肤的酸碱度有一定的缓冲作用。皮肤表面对外来碱性溶液有缓冲中和的能力，称为皮肤的中和能，亦称皮肤的中和作用。当皮肤接触碱性物质时，由于皮肤的中和能，经过一定时间，pH 值又恢复成原来状态。

一般来说，皮肤中和能低的人，易发生斑疹，不宜久用碱性化妆品。因此，肤用类化妆品最好有缓冲的能力，尽量使正常皮肤的 pH 值与正常的中和能不受损害。

三、皮肤的生理常数

皮肤的表面积，成人为 1.5～2 m^2，总质量为 2500～3000 g。皮肤的厚度与年龄、性别、部位等有关。一般来说，男性的皮肤比女性厚。手掌、臀部、脚掌的皮肤较厚，眼皮和耳朵部位的皮肤极薄。婴儿的皮肤比成人薄得多，成人的皮肤厚度平均为 2 mm，儿童则平均只有 1

mm 左右，所以儿童肤用类化妆品要求更严格。

四、皮肤的类型

从美容观点来说，皮肤通常可分为中性皮肤、干性皮肤、油性皮肤、混合性皮肤和敏感性皮肤五种。这里介绍前三种。

1. 中性皮肤

当角质层中水分量保持在 10%～20%时，皮脂分泌量调和，皮肤紧张，富有弹性，这种皮肤称为中性皮肤。

中性皮肤的特征是皮肤细致、平润、毛孔纤细、富有光泽，对外界刺激不太敏感，pH 值为 4.5～6.5，是最理想的皮肤状态。

由于皮肤都要进行新陈代谢，吸收营养，故也要进行保养。否则，中性皮肤也会随季节发生变化，冬季会变干硬，夏季又会变油腻。中性皮肤适合使用酸性较弱的护肤类化妆品。

2. 干性皮肤

当角质层中的水分量在 10%以下时，这种皮肤称为干性皮肤。

干性皮肤的特征是毛孔不明显，皮脂分泌量较少，表皮干燥，无光泽，无柔软性，皮肤粗糙，弹性变弱，易产生皱纹，对环境的适宜力差，经不起风吹日晒。日晒严重时，皮肤会发红、灼痛、起皮屑。一般来说，女性 25 岁以后，皮肤的机能开始衰退，皮肤容易呈干性，干性皮肤易生雀斑、色素斑、皱纹。

干性皮肤的保养方法是每天早晚用清洁霜或清洁蜜清除面部污垢，涂上适量护肤霜或营养霜，辅以适当的按摩。这样能使皮肤加强吸收，得到滋润，同时保持皮肤表面的水分不致很快地挥发。

3. 油性皮肤

当皮脂的分泌量比正常皮肤高时，这种皮肤称为油性皮肤。

油性皮肤的特点为毛孔粗大，皮脂分泌旺盛，满面油光，毛孔还会长出许多小黑点。一些分泌物常堆积在表皮，如不及时清除，可与灰尘、杂物等形成污垢，导致一些皮肤病的发生。油性皮肤的人雀斑较少，色素斑少，皱纹少，但头皮屑多，易长粉刺和痤疮。处在青春期的少男少女多是油性皮肤。油性皮肤的人，宜经常用温水洗涤或用不含油脂的清洁霜洗脸，并适当用一些化妆水，使毛孔收缩，减少皮肤出油。

五、皮肤的养护

皮肤的状态常受年龄、性别、季节和身体健康状况的影响。以季节而论，一般来说，夏季适宜使用液体化妆品。冬天天气寒冷，空气干燥，容易引起皮肤粗糙，适宜使用膏霜类化妆品。

第二节　清洁类化妆品

清洁类化妆品是兼有洗净皮肤和洗去皮肤表面化妆品等功能的化妆品。

一、清洁类化妆品的分类

清洁类化妆品的种类繁多，分类方法也很多，包括按作用机制分类、按剂型分类、按适用的皮肤类型分类、按适用年龄分类等。

清洁类化妆品按照其产品的剂型可分为以下几种类型。

1. 固体皂剂

固体皂剂是较为普遍使用的洁肤用品，为表面活性剂型的碱性清洁剂。如肥皂、香皂、各种美容皂等。美容皂依据 pH 值的不同还可分为碱性皂、中性皂、弱碱性皂，按功能可以分为美白皂、保湿皂、减肥皂和抗菌皂等。

2. 溶液剂

如洁肤用的化妆水，卸妆用的卸妆水、卸妆油等。洁肤用化妆水是含有大量水、亲油-亲水两性的醇类、多元醇和脂类的洁肤溶液。卸妆油是加了乳化剂的油脂，主要用于卸除面部彩妆、清洁皮肤。

3. 乳剂

乳剂是目前市场上最为流行的洁肤用品，主要用于日常普通洁肤及卸除面部淡妆。如各种洗面奶、洁面乳等。乳剂产品种类繁多，以洗面奶为例，按功效还可以分为美白洗面奶、保湿洗面奶、祛斑洗面奶等；按添加植物种类不同可分为柠檬洗面奶、绿茶洗面奶、杏仁洗面奶等。

4. 膏霜剂

膏霜剂是一种半固体膏状制品，如清洁霜、磨砂膏、去死皮膏等。清洁霜的主要作用是帮助去除积聚在皮肤上的异物，尤其适用于去除油性化妆品成分，如油污、唇膏和香粉等。清洁霜可以分为油包水型和水包油型两类。

二、常用清洁类化妆品

（一）固体皂剂（香皂）

1. 香皂的原料

香皂主要是由油脂、碱、温和的表面活性剂、香料、保湿剂和除菌剂等组成。

（1）油脂：常用的有牛油、羊油、猪油、椰子油、菜籽油、蓖麻油等。油脂的主要成分是三脂肪酸甘油酯，简称三甘酯。其成皂性能以牛油、羊油、猪油为好，去垢力强。各种常用油脂的成皂性能详见表 4-1。

表 4-1 各种常用油脂的成皂性能

油脂	颜色	组织	溶解度	起泡性	去污力
牛油	甚白	硬、细	小	热水中泡沫丰富、细腻、持久	甚大
羊油	白	硬、细	小	同上	甚大
猪油	甚白	硬、韧	稍大	同上	大
蚕蛹油	深黄	软	大	略差	较差
鱼油	深黄	软	大	略差	差
柏油	灰白	坚硬	小	热水中泡沫丰富、细腻、持久	甚大
木油	黄	略硬	稍大	良好	良好
椰子油	甚白	甚硬	大	冷水中泡沫丰富、粗大	良好

续表

油脂	颜色	组织	溶解度	起泡性	去污力
棉籽油	黄	软	大	尚好	尚好
糠油	黄绿	更软	大	略差	略差
蓖麻油	黄绿	甚软	大	甚少	甚小
漆油	灰白、绿	甚硬	小	热水中良好	良好
花生油	淡黄	软	大	尚好	尚好
豆油	黄	软	大	尚好	尚好
硬化油	白	硬脆	小	热水中泡沫丰富、持久	良好

(2) 碱:用油脂制备钠皂用苛性钠,制造钾皂用苛性钾。若直接以脂肪酸为原料制皂,可用碳酸钠或硫酸钾。

(3) 松香:由松树分泌出来的松脂加工制得,是一种淡黄色至深褐色的半透明块状体。其主要成分是树脂酸,可与碱作用生成松香皂和水。

松香皂质地软且黏、泡沫少,能增大皂基的溶解性、起泡性,使香皂的洗净作用得以充分发挥,并对防治香皂酸败和冒白霜有一定作用。

(4) 氯化钠:主要用作盐析剂,要求其钙、镁等盐的含量低,否则在制皂的盐析过程中会形成不溶于水的钙皂或镁皂。

(5) 硅酸钠:又名水玻璃、泡花碱,分子式为 Na_2SiO_3。香皂中加入适量的硅酸钠可增加其硬度,使其坚实细致,对防治香皂酸败、软化硬水及中和香皂中残留的苛性碱也有一定的作用。但硅酸钠的用量不可过多,否则会降低香皂的去垢性,导致香皂开裂或冒白霜。

2. 香皂的制备

香皂一般经过皂基的制备、烘干、拌和、碾磨、压条等物理加工过程制成。

1) 皂基的制备

皂基的制备工艺大致包括油脂的熔化、皂化、盐析、碱析和调和等过程。

(1) 熔化:首先将选好的油脂在熔油锅内或直接在皂化锅内加热熔化,再将其脱色、脱臭等。

(2) 皂化:当皂化锅内熔化的油脂温度在 50 ℃以上时,便可缓缓加入预先配好的 20%～30%的苛性钠溶液和少量 10%的盐溶液(用量一般为油脂的 20%),然后继续加热。皂化时间的长短要根据皂化锅容积的大小而定,通常为 3～5 h。

苛性钠的用量,一般为油脂质量的 14%(以固体苛性钠计算),因为油脂的性质和成分不同,用碱量也有所不同。

皂化是制皂的主要过程。皂化完全的皂基,不仅去垢力强,而且耐保管。皂化不完全就会减弱甚至失去除垢能力,同时容易发生酸败,影响其保存性。油脂皂化率一般应达到 90%以上。

(3) 盐析:油脂被皂化后生成皂基和甘油。皂基、甘油、杂质以及加入的水分相互混溶在一起呈糊状,称为皂胶。盐析的目的是将皂基从皂胶中分离出来,使其质地纯洁,同时也可回收甘油。

皂基在一定浓度的盐溶液中不溶，而甘油和杂质等则可溶于盐溶液，因此在皂胶中加入食盐后，皂基便会从盐溶液中析出，并且因为皂基比水轻而漂浮于上层，食盐、甘油及杂质的水溶液因密度大而沉于下层，被称为废液。废液从锅底排出口输送到甘油车间以回收甘油。

(4) 碱析：碱析的目的是使在皂化中尚未皂化的油脂继续皂化，除去皂胶中残留的食盐、色素及杂质，改善皂基色泽，提高皂基纯度。碱析的方法是先在皂基中加清水，翻煮成皂胶，然后加苛性碱，使皂基上浮、碱液下沉，并分出碱液。香皂一般需碱析多次，才能获得质量好、纯洁、符合规定标准的皂基。

(5) 皂基的处理：皂基的总脂肪物含量在 60%左右，香皂的总脂肪物含量要求在 80%左右，这就必须除去多余的水分。为了加快烘干速度，须将皂基冷却并制成小片，皂基通过滚筒式冷却机的冷滚筒，冷凝于冷滚筒的表面，用梳形刮刀刮下，即成带形的厚度为 0.25～0.5 mm 的皂片。

2) 烘干

烘干的目的是使皂片中的总脂肪物含量提高到 80%左右。干燥过程一般是在履带式自动烘房中进行，既可蒸发多余的水分，也可以使皂基中的游离苛性钠与空气中的二氧化碳作用转变为碳酸钠。

3) 拌和

将干燥好的皂片与要添加的色料、香料等拌和均匀，以备碾磨。拌和工艺在搅拌筒中进行。

4) 碾磨

通过碾磨使色料、香料均匀地分布在皂基中，使皂体组织更加紧密、细致，同时碾磨后较未经碾磨的香皂起泡性增强。碾磨机的主要工作部件是几个空心的钢制滚筒，皂料经过滚筒间的挤压、剪切等作用使各组分分散均匀。经此工序生产的香皂称为碾制香皂。

5) 压条

经碾磨的皂料，通过压条机压合皂条。皂条经切块、打印，即成商品香皂。香皂应有正常的形状、光泽和均匀的表面，没有条纹、粗糙、开裂或起棱等现象。

3. 香皂的种类

1) 普通香皂

普通香皂是使用动、植物油脂和碱液为原料经过皂化制成的。生产香皂的油脂是牛油、羊油和椰子油再加入少量的松香，制皂前要先经过碱炼、脱色、脱臭的精炼处理，使之成为无色、无味的纯净油脂。香皂一般加入 1%～1.5%的香料，有的高档香皂，香料的加入量应适当增加。香皂的香型很多，如玫瑰型、茉莉花型、桂花型、百花型、白兰花型等。香皂质地细腻、气味芬芳，可以用来洗脸、洗澡、洗发，用途广泛。

2) 透明香皂

生产透明香皂与普通香皂一样，以高级脂肪酸的钠盐为主体，此外还要加入透明剂，使香皂具有透明性。油脂原料一般采用牛油、羊油、椰子油、橄榄油或蓖麻油等。常见的透明剂有砂糖、甘油、乙醇等，倘若缺乏甘油，可用丙二醇、山梨醇或聚乙二醇等作为代用品。

目前生产透明香皂有两种方法。

(1) 加入物法，一般是采用乙醇作溶剂，把结晶砂糖和甘油加入皂中，使香皂具有透明性。加入物法制取透明香皂，一般是将主要原料加入反应锅经溶解皂化、调色赋香、冷却凝固、干燥打印等工序制得。

(2) 用研压等机械加工工序，使香皂皂体具有细小的可使普通光线通过的结晶颗粒，从而获得透明性。

透明香皂生产过程复杂，生产成本高，外表美观，对皮肤无刺激性，润肤性好，因此在市场上属于高档产品，售价为普通香皂的 4～8 倍，有较高的经济效益。

3) 药物香皂

简称药皂，国外称为祛臭皂或抗菌皂。药皂是指在香皂中加入一定量的药剂，使其具有杀菌、消毒或治疗某些皮肤病功能的产品，如田七香皂、千里光香皂等。

由于药皂能清洁皮肤、防治皮肤感染或兼有治疗某些皮肤病的功效，因此开发药皂新产品，不仅能扩大国内外的香皂市场，而且也是对人类卫生保健事业的贡献。

4) 儿童香皂

儿童香皂一般加有优质润肤剂和营养剂，呈中性或弱酸性，不仅对皮肤无刺激性，而且还具有一定的护肤或促进皮肤健康生长的作用。这类香皂是根据儿童皮肤细嫩、抵抗力差的特点，在配方中加入了精制羊毛脂、硼酸、中性硅酸钠、桂花香料等添加剂，使皂型美观、气味纯正、泡沫丰富、不伤皮肤、不刺激眼睛。

5) 卸妆香皂

卸妆香皂是以非离子型表面活性剂为主体，并添加适量的白油、凡士林、羊毛脂和香料等制成。非离子型表面活性剂对油彩有良好的乳化作用，白油、凡士林增加了卸妆香皂对油彩的亲和作用，羊毛脂对皮肤有滋润作用并增加舒适感，香料则起杀菌和赋香的作用。卸妆香皂对油彩与颜料脱净力强，而且对皮肤无刺激性，是洗净油彩的佳品。

6) 美容香皂

全称美容护肤香皂，亦称营养性香皂。其特点是皂中除含有优质润肤剂外，还含有蜂蜜、磷脂、维生素、氨基酸、骨胶原、瓜汁、中药汁等营养皮肤的物质。这些物质对皮肤的亲和性好，有一定的营养、美容、护肤作用，能防止皮肤的水分损失。目前，美容香皂的品种有干性皮肤用的滋润皂，油性皮肤用的清洁皂以及儿童用的护肤香皂等。这些美容香皂属于中、高档产品，是香皂升级换代的产品。

4. 香皂的选用

面对琳琅满目、品种繁多的香皂，怎样选择呢？简单地说，一看包装，二闻香味，三看内在质量。低档香皂包装都比较简单，而高档香皂包装考究、图案新颖、色彩鲜明，或者是古色古香，有的用盒装，有的用复合材料包装。中高档香皂的皂体一般是白色或者只带很浅的颜色，如浅黄、浅粉、浅绿，尤其是白色香皂，大多是由油质原料制成的。中高档香皂应该皂体光润，组织紧密细腻，没有气泡、麻点，使用时遇水不会出现糊烂现象，干燥后不开裂，用到最后成为薄片也不粉碎，留香持久。

（二）溶液剂

1. 洁肤化妆水

洁肤化妆水一般配有大量水，含有亲油、亲水两性成分的醇，多元醇和脂类以及溶剂类等。与普通化妆水相比，洁肤化妆水清洁能力强。

2. 卸妆油

卸妆油是一类油性组分混合而成的产品，主要用于除去防水性化妆品及油彩妆。

(1) 配方举例如表 4-2 所示。

表 4-2　卸妆油的配方

组成	质量分数/(%)
聚醚	1.0
棕榈酸异丙酯	35.0
白油	59.0
南瓜子油	4.0
香料、色素	适量
防腐剂、抗氧化剂	适量

(2) 制作方法:将以上组分混合均匀即可。

(3) 说明:南瓜子油具有润肤防皱的作用。

(三) 乳剂、膏霜剂

乳化类洁肤剂的配方主要由油料(油相)、表面活性剂(乳化剂)、水(水相)和保湿剂等添加剂组成,大多制成水包油型乳化膏。乳化类洁肤剂的去污作用不像香皂那样靠表面活性剂,而是靠组分中的油分和水分的溶剂作用。使用时,常以手指将乳化类洁肤剂均匀地涂于面部与颈部,再辅以按摩,使油污、皮屑、粉脂等异物进入洁肤剂内,然后用软纸擦掉。由于洁肤剂的 pH 值比香皂低,呈中性,所以对皮肤刺激性小,使用后可在皮肤上留下一层湿润的油膜。优良的乳化类洁肤剂应具备除去各种脏物、滑爽且易涂开、使皮肤清洁和柔润的特性。

乳化类洁肤剂常用于演员卸妆前或卸妆时清洁皮肤,使用广泛的是乳状液。根据化妆的形式、浓淡和清洁程度等条件,分别采用油包水型或水包油型乳状液。浓妆时,油性化妆品用得较多,为了使化妆油料溶解除去,使用油包水型乳状液洁肤较好。淡妆时,则使用洗净力稍差但洗后感觉爽快的水包油型乳状液。

(1) 配方举例如表 4-3、表 4-4 所示。

表 4-3　乳化类洁肤剂的配方一

	组成	质量分数/(%)
甲组	蜂蜡	3.0
	固体石蜡	10.0
	液体石蜡	41.0
	凡士林	15.0
	失水山梨醇倍半油酸酯	4.1
	聚氧乙烯失水山梨醇油酸酯	0.8
乙组	精制水	22.0
	桔梗提取物	3.0
	香料	1.0
丙组	防腐剂	适量

表 4-4 乳化类洁肤剂的配方二

	组成	质量分数/(%)
甲组	固体石蜡	9.9
	鲸蜡醇	2.0
	液体石蜡	约 27.0
	凡士林	20.0
	单硬脂酸甘油酯	3.0
	聚氧乙烯失水山梨醇单月桂酸酯	3.0
乙组	丙二醇	5.0
	精制水	约 29.0
	麦饭石	1.0
	香料	适量
丙组	防腐剂	适量

(2) 制作方法:将甲组成分水浴加热至 65 ℃,使各成分熔融,搅拌均匀,保温备用,乙组成分在水浴加热至 65 ℃后,加入熔融的甲组熔融液中,边加边搅拌,使其充分乳化,停止加热,继续搅拌,待温度降至 45 ℃后,加入丙组成分,搅拌均匀,即得。

(3) 说明:①配方中的桔梗提取物能使皮肤白皙,对面部色素沉着有一定疗效。②配方中的麦饭石对细菌等有毒、有害物质具有很强的吸附作用。

以上配方属于洁肤霜。洁肤乳亦称洗面奶,和洁肤霜的功能相同。其配方含有较多的水分和少量油分,既能较好地除去水溶性污垢,也能有效地除去油溶性污垢,其中羊毛油和植物油还有润肤作用。洁肤乳由于含有油脂载体,最适宜除去眼影,也可除去面部和头颈部的油腻、粉底和皮屑等污垢,常用于卸妆,除去香粉、胭脂、唇膏和眉笔迹等。洁肤乳最大的特点是使用方便,有柔润皮肤的功效,因此发展很快,有取代洁肤霜之势。

第三节 护肤类化妆品

一、膏霜

护肤膏霜以水包油型膏霜体最为常见,油分占比一般为 15%～40%,不同的油分占比可适应干性、中性和油性皮肤护理的需要。油包水型膏霜的油分占比较大,适合皮肤较为干燥者及冬季使用。以高分子聚合物为基质配制成的啫喱型膏霜,较适合夏季、油性缺水皮肤及眼部皮肤使用。

根据配方、功效和用途的不同,护肤膏霜类大致可归纳如下:①雪花膏:即普通的保湿霜,不含营养剂和特殊添加剂,属于大众经济型化妆品。②冷霜:指普通的油包水型膏霜,也称香脂或护肤脂,不含功能性添加剂,油分含量高,属于经济型化妆品。③日霜:适合白天涂擦的,以保湿、隔离、防晒为主要功效且不含光敏剂的一类膏霜。如一般的润肤霜、粉底霜、防晒霜、美白防晒霜、隔离霜等。④晚霜:添加较多营养成分、活性物、美白祛斑剂等各种功能性成分,适合皮肤夜间吸收并避开白天紫外线的感光、破坏及汗液冲洗的一种功效性膏霜。如营养霜、抗皱霜、活肤霜、祛斑霜、美白霜等。⑤按摩用膏霜：包括按摩霜、按摩膏、按摩油、按摩啫喱等。

1. 雪花膏

(1) 配方举例如表 4-5 所示。

表 4-5 雪花膏的配方

	组成	质量分数/(%)
甲组	硬脂酸	17.0
	单硬脂酸甘油酯	2.0
	鲸蜡醇	1.0
乙组	甘油	6.0
	氢氧化钾	0.5
	蒸馏水	约 72
	吐温-60	1.0
丙组	防腐剂	适量
	香料	0.5

(2) 制作方法：将甲组、乙组各成分混合，熔化，冷却至 45 ℃后，加入丙组成分，边加边搅拌至均匀，即可。

2. 冷霜

冷霜为油包水型膏霜，含油脂最多，油分占比高达 50%，膏体油光亮滑，适合一般干性皮肤使用，有柔软、滋润、防燥抗裂等作用，也可作为清凉油或按摩油使用。

(1) 配方举例如表 4-6 所示。

表 4-6 冷霜的配方

	组成	质量分数/(%)
甲组	白油	35.0
	单硬脂酸甘油酯	8.5
	白凡士林	10.0
	蜂蜡	6.0
	甘油	5.0
乙组	吐温-80	0.5
	蒸馏水	30.5
	透明质酸	0.5
丙组	防腐剂	适量
	香料	适量

(2) 制作方法：乙组中的硼砂溶于去离子水中，加热，保持温度为 65 ℃。另将甲组各油性成分混合，水浴加热使熔化，保持温度为 65 ℃。将甲组加入乙组进行预乳化，然后用乳化器乳化，冷却至 45 ℃后，加入丙组成分，边加边搅拌至均匀，即可。

3. 美白祛斑霜

根据美白祛斑添加物的水溶性、油溶性、稳定性及吸收性的特点，可配制成水包油型膏霜或油包水型膏霜。部分美白祛斑霜因添加了钛白粉、氧化锌等粉质固体物，涂后还有遮盖、暂时增白的作用，并有一定的隔离防晒作用。

(1) 配方举例如表 4-7 所示。

表 4-7 美白祛斑霜的配方

	组成	质量分数/(%)
甲组	硬脂酸	3.0
	单硬脂酸甘油酯	10.0
	白油	12.0
	羊毛脂	8.0
	凡士林	10.0
乙组	当归、菟丝子提取物	0.8
	川芎提取物	0.2
	白芷提取物	0.3
	精制水	55.0
丙组	玫瑰香料	适量
	防腐剂	适量

(2) 制作方法：将各成分按等量递增法混合，将乙组中的当归、菟丝子等提取物加入精制水中，保持温度为 65 ℃。将甲组水浴加热至熔化，保持温度为 65 ℃。将乙组加入甲组中，搅拌乳化，当温度降至 45 ℃时，加入丙组成分，搅拌均匀，即可。

4. 防晒霜

防晒霜是添加了能反射和散射紫外线的物理阻挡剂(如二氧化钛、氧化锌)，或添加了能吸收紫外线的化学吸收剂(如二苯酮、邻氨基苯甲酸酯)，发挥防晒伤、防晒黑和防色素沉着作用的一类特殊用途化妆品。

防晒产品的防晒能力(系数)以 SPF 值评估，消费者须根据自己的皮肤情况与外界环境的变化选用适宜的防晒产品，包括 SPF 级别与油分的高低等。

一般专用防晒制品的 SPF 值为 15～30，不可盲目选用高 SPF 的防晒产品。

为了评价防晒剂的防晒效果，人们起用了 SPF 值，SPF 值又称为防晒系数。其值可用下式求得：

$$\text{SPF}=\text{使用防晒化妆品时的 MED}/\text{不使用防晒化妆品时的 MED}$$

式中的 MED 为最小红斑量，其测定方法是在一定的紫外线波长下，逐步加大光量照射皮肤的某一部位，当照射部位产生红斑时的最小光量即为最小红斑量。

欧美各国以 SPF 值对防晒产品的防晒效果进行了分类表示，评价见表 4-8。

表 4-8 防晒产品的防晒效果及 SPF 值

防晒效果	SPF 值
能抑制晒斑但皮肤被晒黑	2～4
皮肤有些晒黑能抑制大部分晒斑	4～6

续表

防晒效果	SPF 值
皮肤略微被晒黑	6～8
晒斑及晒黑现象均被抑制	8～15
晒斑及晒黑现象完全被抑制	15 以上

防晒霜水包油型较为清爽，适合偏油皮肤使用，油包水型较为油腻，适合干性皮肤使用。另外，油包水型防水性较好，可减少因汗水的冲洗而降低其防晒作用。

5. 抗皱营养霜

营养和激活细胞的添加剂十分丰富，包括氨基酸胶原蛋白类、水解多肽类、角鲨烷类、磷脂类、维生素类、天然保湿因子类、多糖类、神经酰胺以及中草药类等。添加一定量的上述添加剂，能增加皮肤营养、激活细胞功能、使皮肤光鲜润泽、抗皱防衰。此类膏霜的剂型以水包油型多见，油包水型更适合冬季使用，而凝胶型更适合夜间使用。

（1）配方举例如表 4-9、表 4-10 所示。

表 4-9　抗皱营养霜的配方一

	组成	质量分数/(%)
甲组	异硬脂酸异丙酯	2.0
	棕榈酸异丙酯	8.0
	角鲨烷	2.0
	Span-80	0.6
	吐温-80	1.1
	E-Inspire343	2.6
乙组	透明质酸	0.05
	去离子水	80.0
丙组	茯苓浸膏	3.0
丁组	防腐剂	适量
	香料	适量

表 4-10　抗皱营养霜的配方二

	组成	质量分数/(%)
甲组	鲸蜡醇	4.0
	聚氧乙烯(2)十八醇醚	1.3
	豆蔻酸异丙酯	6.0
	杏仁油	8.0
	二甲基硅油	5.0
	乳木果油	2.0
乙组	聚氧乙烯(21)十八醇醚	0.2
	磷酸酯 SV	3.0

续表

	组成	质量分数/(%)
	聚乙二醇-60	0.3
	去离子水	约 67.0
丙组	银杏提取物	3.5
丁组	防腐剂	适量
	香料	适量

(2) 制作方法：将甲组、乙组和丙组成分分别加热到 65 ℃，在此温度下，边搅拌边将乙组徐徐加入甲组进行乳化，适宜温度下加入丙组，55 ℃以下加入丁组，50 ℃以下停止搅拌，冷却静置后进行包装。

(3) 说明：

①该配方所选用的乳化剂由羧基乙烯基聚合物/支链烷烃和脂肪醇醚等组成，具有优良的亲水亲油性，可在室温下配制成稳定、润滑的膏霜、乳液。茯苓浸膏的有效物质为 β-茯苓聚糖、茯苓酸、甾醇、卵磷脂、蛋白酶等，能保持皮肤湿润，使皮肤纹理细腻、富有弹性，特别适合干性皮肤和中老年人。

②配方中的磷酸酯 SV 的化学名称是硬脂酰胺丙二醇单磷脂基二甲基氯化铵/鲸蜡醇，它是由天然棕榈油制成的多功能复合物，既是乳化剂又具有良好的柔肤和保湿作用。配方中的银杏提取物的有效成分为银杏黄酮类(银杏素、异银杏素、白果素等)，具有清除过剩自由基的作用。晚间使用对皮肤有良好的修复作用。

6. 粉刺霜

痤疮(acne)中医称为“粉刺”，是年轻人常见的慢性皮肤病。痤疮主要发生于青春期(15～18 岁)男女的面部、颈部、胸部、背部和臀部等皮脂腺较多的部位，在 24～30 岁仍有发生。在我国痤疮发生率为 80%～90%，在日本发生率为 50%～70%，可见痤疮的发生相当普遍。从痤疮发生率的年龄分析，可以认为痤疮是性成熟的生理表现。由于痤疮影响美容，造成皮肤和精神上的痛苦，因此，痤疮的研究是现代皮肤医学和美容学的主要课题之一。

1) 发病原因

(1) 皮脂分泌过多：在青春期，由于性激素的影响，皮脂腺机能旺盛，皮脂分泌量增加，分泌的又黏又稠的半固态皮脂，不能及时从毛囊排出，积聚于毛囊中，将毛囊堵塞，产生痤疮。

(2) 毛囊孔的角质化亢进：性激素不仅刺激皮脂腺使皮脂分泌旺盛，而且使角质的增殖加快。因此，角质堵塞毛囊孔或皮脂腺的开口部位，使皮脂产生量与皮脂的排泄量失去平衡，因而产生痤疮。

(3) 细菌的影响：皮脂存留，使痤疮丙酸杆菌和皮肤葡萄球菌增殖。细菌使构成皮脂成分的三酸甘油酯分解，变成游离脂肪酸，损伤皮肤细胞，从而诱发皮肤深部炎症，引起痤疮。

(4) 此外，遗传因素、精神因素、环境因素和食物影响等，也可成为致病原因。

2) 防止措施

长了痤疮不必害怕、苦恼和担忧，它不会影响健康，因为皮脂分泌是一种生理现象，可采取适当的预防和治疗措施。

(1) 用温热水和香皂洗脸、擦身，可减少油脂，应保持皮肤清洁。

(2) 不要用手挤压痤疮，否则容易导致毛囊口扩大，使细菌进入细管或脑部，引起严重危害。另外,也可生成瘢痕,影响美容。

(3) 面部痤疮,可搽用粉刺霜,每日 2～3 次,坚持使用即可见效。不可滥用含油脂较多的化妆品。

(4) 局部痤疮可外擦复方硫黄洗剂、白色洗剂等,也可服用维生素 A、维生素 B_2、维生素 B_6 或清热解毒的中草药。

(5) 少食脂肪、糖类、辛辣刺激性食物,如肥肉、辣椒、酒等,多吃水果蔬菜。

(6) 此外,还应注意使皮肤与室内外的新鲜空气接触,做适当的运动,避免运动过度,避免皮肤处于紧张状态,促进皮肤的新陈代谢,这也是预防和治疗痤疮的重要措施。

3) 配方

防治粉刺的方法和用品很多,古代医药书籍早有记载,《太平圣惠方》记载的红膏,用朱砂一两,麝香半两,牛黄半分,雄黄三分。将上药细研令匀,以面脂和为膏,匀敷面上,避风。治面上粉刺,经宿自落。《太平圣惠方》记载的治粉刺方,用硫黄、密陀僧、乳香、白僵蚕、腻粉、杏仁各一两。将杏仁汤浸去皮,研如膏。上药同研如粉都以牛酥稠,稀稠得所。使用时,先暖浆水洗面,拭干,以药涂之,勿使皂荚。治面上粉刺,令悦泽。不过三五天,甚效。《圣济总录》记载的白蔹膏,用白蔹、白石脂、杏仁各半两。将杏仁烫浸去皮尖双仁。上三味捣为末,更研极细,以鸡子白调和,稀稠得所,瓷盒盛。每临卧涂面上,明旦以井华水洗之。

粉刺霜的配方设计应具有抑菌消炎、软化角质、消融粉刺、控油收敛等方面的功效,常用的中草药原料有甘菊、春黄菊、常春藤、黄芩、丁香、人参、银杏叶、桉树叶、金银花、黄柏、黄连、栀子、姜黄、锦葵、芍药、茯苓、当归、百里香、益母草、菩提树、黄芪、细辛、薏米、蒲公英等。

(1) 配方举例如表 4-11 所示。

表 4-11 粉刺霜的配方

	组成	质量分数/(%)
甲组	葵花籽油	14.0
	二甲基硅油	6.0
	棕榈酸辛酯	34.5
乙组	Arlatone2121	25.0
	甘油	7.0
	黄原胶	3.0
	去离子水	6.0
丙组	黄柏、黄芩、黄连、栀子等提取物	4.0
丁组	防腐剂	适量
	香料	适量

(2) 制作方法:将甲组和乙组原料分别加热至 85 ℃,在此温度下,边搅拌边将乙组徐徐加入甲组进行乳化,适宜温度下加入丙组,55 ℃以下加入丁组,50 ℃以下停止搅拌,静置冷却后进行包装。

(3) 说明:配方中选用的天然乳化剂 Arlatone2121 为失水山梨醇硬脂酸酯和蔗糖椰油酸酯混合物,性质温和,为绿色原料,可制得液晶结构的稳定乳剂。配方中的黄芩含有黄芩苷,黄柏含有小檗碱,配合含有黄连素(小檗碱)的黄连,对抑制金黄色葡萄球菌、痤疮丙酸杆菌及致病真菌有明显作用，黄柏含有谷甾醇，可明显延缓和治疗皮肤角质化，利于疏通毛孔堵塞，栀子有加速软组织愈合的作用。

二、乳液

乳液又称蜜液或奶液、露等，是一类膏体较稀、流动性较好的乳化型或凝胶型化妆品。因其配方中的油脂含量较低，无油腻感，更适合夜间、夏季及偏油性皮肤使用。乳液大多制成水包油型。

根据乳液的功能不同，乳液可分为保湿乳液、营养乳液、防晒乳液、抗粉刺乳液和防敏乳液。

第四节　面　　膜

一、面膜的定义及分类

面膜是集清洁、护肤和美容于一体的多功能新型化妆品，是指涂敷在面部皮肤上一定时间后逐渐形成的一层覆盖膜状物。

古代药物面膜多以药粉加动物乳制成。《太平圣惠方》记载的变白方，用云母粉一两、杏仁二两。将杏仁烫浸去皮尖，上药研细，入银器中，以黄牛乳拌，略蒸过，夜卧时涂面，旦以浆水洗之。

现代面膜的品种很多，大致可分为剥离型和非剥离型两大类。根据用途、用法不同，又可分为清洁面膜、营养面膜、祛斑面膜、祛粉刺面膜，还有家庭自制的各种面膜，如鸡蛋面膜、牛奶面膜、蜂蜜面膜等。

二、面膜的作用及使用方法

面膜的作用是多方面的，长期涂敷面膜可收到以下的效果。

(1) 深层清洁皮肤的作用。

(2) 保湿作用。

(3) 增强皮肤血液循环，促进皮肤吸收的作用。

(4) 产生张力，使皮肤紧张，有助于消除皱纹。

去掉面膜后，再根据皮肤的性质，选用一些护肤用品，使面部皮肤保持青春活力。

三、常用美容面膜

(一) 剥离型面膜

该类面膜一般为白色膏状或透明啫喱状，多用软管包装，使用时将其涂于面部，经 20～30 min，水分蒸发后，可在面部逐渐形成一层薄膜，可成片或整个从面部剥离，面部皮肤上的污垢、皮屑也黏附在薄膜上被清除，面部显得干净、光滑。这种面膜使用简便，是面膜中重要的品种。

剥离面膜的原料主要有成膜剂、吸附剂、保湿剂及活性物质。

(1) 成膜剂是剥离面膜的关键成分，多选用水溶性高分子聚合物，如聚乙烯醇(PVA)、聚乙烯吡咯烷酮(PVP)等,因它们具有良好的成膜性,以及增稠、乳化、分散作用,对含有无机粉末的基质具有稳定作用,还具有一定的保湿作用。

(2) 吸附剂常用钛白粉、锌白粉(氧化锌)、高岭土等。

(3) 保湿剂常用甘油、丙二醇和透明质酸等。

(4) 活性物质常用水解蛋白、维生素、中草药提取物、生化制剂等,起营养、护肤作用。

(5) 其他原料溶剂、防腐剂、香料及色素等。

1. 清洁面膜

能起清除面部污垢作用的面膜为清洁面膜。将面膜涂敷于面部后,让其自然干燥 15~20 min,待面膜在表皮上形成薄膜后剥离除去,薄膜从皮肤上剥落时,面部污垢也一起被清除。

(1) 配方举例如表 4-12 所示。

表 4-12 清洁面膜的配方

组成	质量分数/(%)
聚乙二醇	15.0
羧甲基纤维素	3.0
聚乙烯吡咯烷酮	2.0
乙醇	10.0
甘油	5.0
精制水	约 65.0
防腐剂	适量
香料	适量

(2) 制作方法:将羧甲基纤维素、聚乙二醇溶于水中,防腐剂、聚乙烯吡咯烷酮溶于乙醇和甘油。两种溶液混合搅匀后,加香料搅匀即可。

2. 祛斑面膜

添加具有祛斑功效的中草药提取物而制成的面膜为祛斑面膜。

(1) 配方举例如表 4-13 所示。

表 4-13 祛斑面膜的配方

组成	质量分数/(%)
海藻粉	15.0
淀粉	24.0
高岭土	25.0
锌白粉	6.0
白附子、白芷、白及、白茯苓、白僵蚕、冬瓜子、芍药、丹参、珍珠等提取物	30.0

(2) 制作方法:将各成分按等量递增法混合均匀即可。用时将软膜粉用水调和呈软膏状,涂于面部静候 10~15 min,即可在面部形成一层较厚且富有弹性的软膜,然后将其整张或连片揭下。

3. 祛粉刺面膜

添加具有祛粉刺功效的中草药提取物而制成的面膜为祛粉刺面膜。

(1) 配方举例如表 4-14 所示。

表 4-14 祛粉刺面膜的配方

组成	质量分数/(%)
PVA	16.0
PVP	4.0
Sepigel 305	2.0
1,3-丁二醇	6.0
乙醇	10.0
去离子水	约 52.0
珍珠、甘草、鱼腥草提取物	10.0
防腐剂	适量

(2) 制作方法：首先将 PVA、PVP 用乙醇浸泡，使其充分溶胀，加热使其溶解，然后加入去离子水中，混合均匀呈透明黏液状后，再加入其余成分，混合均匀即得。

4. 成型面膜

近年来，成型面膜也颇受消费者的欢迎，它是针对上述面膜在最后清洗过程给消费者带来的不便而设计的。这种面膜有的是将无纺布类纤维织物剪裁成面具形状(或局部位、T 形区、眼周部等)，放入包装物中(如塑料袋内)，再将配制好的面膜液灌入包装物内密封，这时无纺布类的面具浸透了面膜液，故称其为成型面膜。使用时，剪开密封包装物，取出一张成型面膜贴在相应的部位，令成型面膜紧密与皮肤相贴，经过 15～20 min，面膜液逐渐被吸收及风干，即可轻易取下。由于成型面膜使用方便，故受到消费者的喜爱。

(二) 非剥离型面膜

将面膜均匀地涂抹在面部，停留 30 min，然后洗去，由于面膜中粉末吸附剂的吸附作用，面部污垢被吸附于面膜，可使皮肤清洁、润滑、美容。

1. 营养面膜

在面膜中加入一些中草药提取物，除保持面膜清洁皮肤的作用外，还有滋润营养皮肤、舒展皮肤皱纹的功效。人参面膜就是中草药面膜的典型代表。

配方举例如表 4-15 所示。

表 4-15 营养面膜的配方

组成	质量分数/(%)
聚氧乙烯甘油椰油酸酯	5.0
人参提取物	3.0
乙醇	10.0
米淀粉	15.0
硅酸铝镁胶体	10.0
水	约 57.0
防腐剂	适量
香料	适量

制作方法：将聚氧乙烯甘油椰油酸酯溶于乙醇，人参提取物、防腐剂等溶于水，两种溶液混匀，加香料搅匀即可。

目前，许多美容院或家庭常利用天然食品自制即配即用的各种用于养护皮肤的面膜，如蜂蜜面膜、牛奶面膜、鸡蛋面膜、水果面膜、蔬菜面膜等，这些面膜的基质为淀粉（如面粉、玉米粉）和少量胶质及营养物质，与水调制成糊状物，现调现用。根据使用者的皮肤特性，有针对性地选用所需的营养添加物质。这种天然面膜除了具有清洁皮肤的作用外，还可赋予面膜保湿、美白、除皱、祛斑、祛痘等美容功效，因此自配自用这种天然面膜成为一种时尚。需要指出的是，在配制这种面膜时，应重视原料及配制过程中的卫生状况，注意不要受到污染，保证使用者的安全。

1）鸡蛋面膜

鸡蛋面膜是营养面膜的代表。鸡蛋中的卵磷脂、胆固醇、维生素 A 和维生素 D 等对皮肤有营养作用，鸡蛋中的蛋白质有胶黏作用，涂敷后可使面部皮肤紧张，展开小皱纹，防止面部皮肤松弛，亦可除去面部皮肤的污垢，用鸡蛋做面膜时可分别制作蛋清面膜和蛋黄面膜。

（1）蛋清面膜：用蛋清直接涂在面部、颈部。如果皮肤干燥，可先掺入各种防干燥的皮肤营养膏。如果是油性皮肤可在蛋清中滴几滴乙醇或一匙柠檬汁再涂敷，一般 15～20 min 后，可用温水洗去面膜。

（2）蛋黄面膜：取蛋黄一个，加 2～3 匙面粉，加少量水调至膏状，再加数滴橄榄油充分混合，涂于面部，也可以将橄榄油直接涂于脸上，然后涂蛋黄，以水蘸湿手掌后摩擦，在面部混合。

（3）蛋黄蜂蜜面膜：取蛋黄一个，蜂蜜一匙，植物油一匙，将三者混匀便可使用。此面膜含有丰富的维生素、氨基酸、脂肪酸和其他营养物，能防止面部皮肤衰老，使皮肤丰润。

2）牛奶面膜

牛奶本身为完全乳化的乳状液，含蛋白质、脂肪及维生素，有软化营养皮肤的作用。

3）果汁面膜

水果或蔬菜中含有大量果胶质、维生素 B_2、维生素 C，有机酸等。果汁面膜由果汁和面粉加水调制而成，可调整皮肤的分泌，使皮肤白皙、细嫩。

2. 祛斑面膜

将添加具有祛斑作用的中草药提取物的面膜粉与水调匀成糊状后，涂于面部，当水分蒸发后，在面部形成一层干粉片状物，除去时可用水将膜状物擦洗干净。

（1）配方举例如表 4-16 所示。

表 4-16　祛斑面膜的配方

组成	质量分数/(%)
高岭土	20.0
滑石粉	20.0
锌白粉	20.0
固体山梨醇	10.0
中草药十味粉	30.0

（2）制作方法：将上述各成分按等量递增法混合均匀，使用时，与水调匀成糊状后，涂于面部。

3. 祛粉刺面膜

(1) 配方举例如表 4-17 所示。

表 4-17 祛粉刺面膜的配方

	组成	质量分数/(%)
甲组	白油	8.0
	乳化硅油	5.0
	薏苡仁油	2.0
乙组	高岭土	35.0
	甲壳素	5.0
	去离子水	29.0
丙组	大黄、黄芩、黄柏、苦参提取物	15.0
	黄原胶	0.6
丁组	防腐剂	适量

(2) 制作方法:将甲组与乙组成分分别加热至 75 ℃,将搅拌过的甲组加入乙组中,使其充分乳化,丙组原料研细过 120 目筛后,加入乳化体中混合均匀,50 ℃时加入丁组成分,搅拌均匀,45 ℃时停止搅拌,冷却包装。

目前,还有一种由胶烷、酪蛋白等营养物压制成的极薄成型面膜,贴附于面部后即软化成黏稠液体,极易被皮肤吸收,有很好的养肤效果。此外,还有蜂蜜面膜、酵母面膜、漂白面膜、油面膜、白陶土面膜、火山黏土面膜和石蜡面膜等。

第五章　中草药发用类化妆品

中草药发用类化妆品是指利用中草药原料制成的用来清洁、保护、美化、营养和治疗人们头发的化妆用品。发用类化妆品种类繁多，它主要包括清洁类的发用化妆品、护发类的发用化妆品、美化毛发用品等。

第一节　头发基本知识

胎儿在母体内生长到第三个月，头发就开始生长。从此，它伴随着人度过一生。对于哺乳动物来说，毛发是身体必不可少的重要附属器，起保护机体的作用，包括保暖御寒、防暑、减缓摩擦等。另外，毛发还是重要的感觉器官。

对人类来说，毛发除了具有保护作用外，更主要的在于它的心理功能。头发的多少、形状、颜色、光泽等都会给人带来心理和精神上的影响，且与魅力直接有关。在人类的社交活动中，亮泽、柔顺的头发和优美的发型常常能带来特有的魅力。

一、头发的组成

头发的主要化学成分是角蛋白，占头发的65%～95%。另外，头发中还含有脂质（1%～9%）、色素及一些微量元素。微量元素与角蛋白的支链或脂肪酸结合。

头发的另一重要成分是水，通常占头发总质量的6%～15%，最大时可达35%。

头发虽说很细，却也有里层、外层之分。外层称为表层，由很薄的细胞组成，呈鱼鳞状排列；里层是皮层，其中含有色素细胞。头发中间有髓质，是核心部分。据说每根头发中含有两万多个细胞和多种化学元素。化学元素除了碳、氢、氮、硫、氧等宏量元素以外，还有铁、铜、镍、钼、锰、钛、锌、铅、锶、硒等微量元素。长沙市郊的马王堆出土的2100余年前的西汉女尸，通过对其头发中微量元素的分析，确认她的血型为A型。拿破仑死后100多年，人们对其头发中微量元素进行分析，证实他是由于砷中毒死亡。目前，头发已成为疾病诊断、环境污染和健康监测以及生命科学研究的重要材料。

二、头发的物理性质

（1）力学性质：如弹性、拉伸强度。

（2）摩擦作用：由头发表面毛小皮鳞片状排列的特殊结构产生。

（3）静电作用：头发表面的状态、发中的含水量以及温度控制头发的带静电性。

（4）光泽：当头发整体排列有序、发表层相对平坦时，头发就显得有光泽。

三、头发的损伤

1. 物理损伤

物理损伤是指外力对头发造成的损伤。如梳理头发时梳子带来的牵引力和梳齿造成的摩擦力。

2. 化学损伤

化学损伤是指发生在头发中的化学反应引起组成头发的角蛋白的结构变化而造成的损伤。事实上，在日常美发过程中，烫发、漂白和染发都在一定程度上损伤头发。

3. 热损伤

热损伤是指热吹风或电烫时温度过高而引起的头发损伤。

4. 日光损伤

日光损伤是指日光中的紫外线辐射也可引起头发结构的变化和光降解。

5. 其他因素

除日光外，其他一些环境因素，如雨和潮湿、海水及汗液中的盐类、游泳池中的化学物质、空气污染等，都可能对头发造成一定程度的损伤。

四、头发的结构和性质

1. 头发的结构

头发是由毛小皮、毛皮质、毛髓质三个部分组成(图 5-1)。

(1) 毛小皮：头发的最外层。一般由 6～10 层的鳞片状细胞重叠排列而成(图 5-2)。

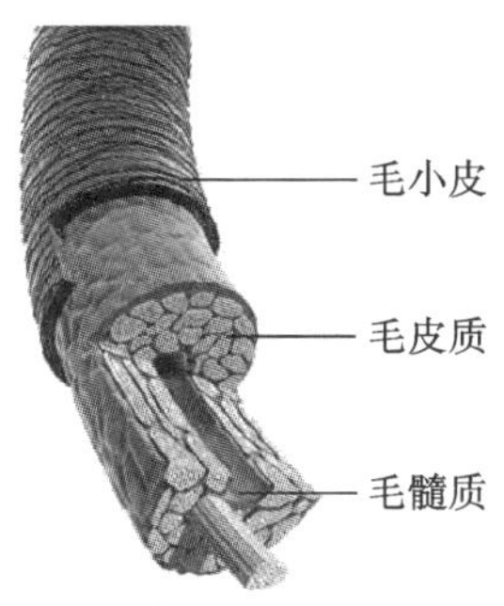

图 5-1 头发的结构

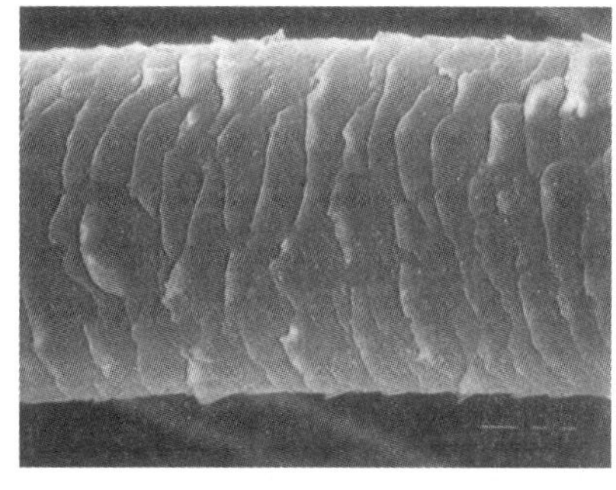

图 5-2 毛小皮

毛小皮的作用是保护毛皮质，赋予头发以光泽及弹性，并在一定程度上决定头发的色调。健康未受损的毛小皮平整光滑、排列有序。而受损的毛小皮会翘起，甚至破裂使头发变得粗糙、失去光泽。

(2) 毛皮质：毛皮质被毛小皮覆盖，由成束的角蛋白构成，是头发最主要的部分，决定头发的弹性、强度与屈曲性。毛皮质中含有许多黑素颗粒，是头发从毛囊中生长时带入的。不同人种头发颜色的差别，就是由毛皮质中的蛋白纤维和黑素颗粒决定的。

(3) 毛髓质：头发的中心部分，其中充满空气间隙，在一定程度上起着阻止外界过热的作用。

2. 头发的性质

毛发主要是由蛋白质组成的，蛋白质是由连在一起的氨基酸形成的。毛发的皮质是由具有螺旋线圈形状的链组成的。这些氨基酸链的线圈互相缠绕，形成了原纤丝。原纤丝又互相缠绕，形成了微纤丝。微纤丝又以同样方式互相缠绕，形成了长纤维。这个过程完结时，就形

图 5-3 头发的性质

成了毛发的皮质。而皮质又被角质层鳞片覆盖，角质层鳞片也含有蛋白质。这种扭转缠绕的方式使毛发具有拉伸能力，像弹簧一样不易断裂(图 5-3)。

五、影响毛发生长的因素

毛发的密度受性别、年龄、个体和部位等因素的影响。毛发的生长速度与部位有关，头部毛发生长得最快，每天生长 0.27～0.4 mm，每月平均 1.9 cm，其他部位每天约生长 0.2 mm。男性毛发生长速度一般较女性快，15～30 岁期间头发生长得最快，老年时头发生长减慢。夏季头发生长较快。

毛发的生长期和休止期的周期性变化是由内分泌调节的(图 5-4)，有人认为与卵巢激素有关。此外，营养成分对头发生长也有影响。

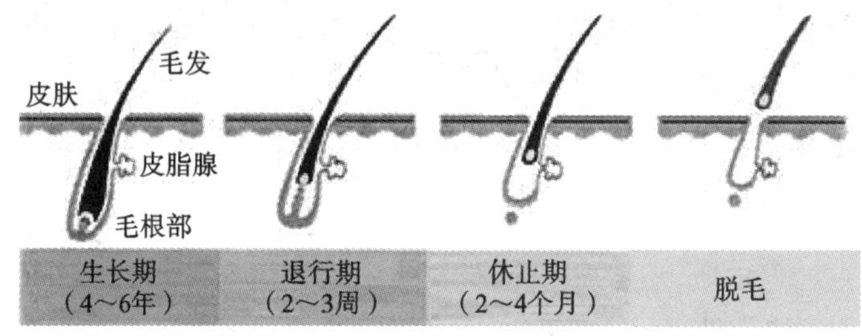

图 5-4 头发的生长周期

第二节 清洁类的发用化妆品

清洁类的发用化妆品主要包括洗发剂、剃须用化妆品等种类。

在正常情况下，头皮分泌的皮脂可以滋润头发以及保持发丝的柔软，但洗发两三天后，皮脂与尘埃很快混合，加上使用一些发用化妆品引起的残留物质，使皮脂氧化造成酸败，头皮出现瘙痒等不适感，需要清洗和除去头发及头皮表面人体分泌的油脂、汗垢、头皮上脱落的细胞以及外来的灰尘、微生物、定型产品的残留物和不良气味等。二合一洗发水除了清洁功能外，还具有良好的护发效果，洗后能使头发清洁舒松且易于梳理、不打结、光滑柔软。还有一些洗发水具有去屑、止痒、抑制皮脂分泌过度等功能。

一、洗发剂

洗发剂全称发用洗涤剂，又叫香波(Shampoo)，是为清洁人的头皮和头发并保持头发美观而使用的化妆品，以各种表面活性剂和添加剂复配而成，使用时能从头发及头皮中移出表面的油污和皮屑，对头发和头皮无不良影响。

其实在先秦时期就有记载，人们多熬制皂角、茶籽或者用淘米水来洗头，所以每次洗头都要用心准备。之后创造出了“澡豆”，“澡豆”在古代可以说是全能化妆品，洗手、洗脸、洗头、沐浴、洗衣服，总而言之，一切污渍、油脂，“澡豆”全都可以清理。孙思邈在《千金翼方》中写道：

衣香澡豆,仕人贵胜,皆是所要。意思是说,下至贩夫走卒,上至皇亲国戚,“澡豆”是居家必备之品。李时珍《本草纲目》中记录了“肥皂团”的制造方法:肥皂荚生高山中,树高大,叶如檀及皂荚叶,五六月开花,结荚三四寸,肥厚多肉,内有黑子数颗,大如指头,不正圆,中有白仁,可食。十月采荚,煮熟捣烂,和白面及诸香作丸,澡身面,去垢而腻润,胜于皂荚也。除了天然皂荚,如无患子、茶麸等类的植物,也流传于民间,成为一种很好的洗涤剂。

(一) 洗发剂的功能

洗发剂中含有多种成分,这些成分的综合作用是清洁头皮和头发。通常洗发剂中最能起作用的成分是表面活性剂,即表面活性成分的简称。表面活性剂起着清洁头发和头皮的作用,当洗发剂与水混在一起时能产生泡沫。不过泡沫的多少并不能反映清洁能力的强弱。

(二) 洗发剂的性质

洗发剂主要用来清洁人的头发,所以要求其去污力强,漂洗容易,温和无刺激,梳理性好。如今洗发剂的功能已经从单纯的清洁作用向兼具营养、护理等多功能的方向发展。

一般来说,理想的洗发剂应具备以下性质。

(1) 外观美丽,清香扑鼻。

(2) 具有丰富的泡沫。

(3) 能洗去污垢和过多的油脂,有去除头屑和止痒的功能。

(4) 使用后能使头发光亮柔软,易梳理、易定型。

(5) 温和无刺激性,洗发剂的 pH 值以 6 为宜。

(三) 洗发剂的原料

现代洗发剂主要由下列原料配制而成:泡沫剂、泡沫稳定剂、抗硬水剂、调理剂、特种添加剂、防腐剂、增稠剂、增溶剂、香料和色素等。

1. 泡沫剂

洗发剂中常用的泡沫剂是十二醇硫酸钠。但这种原料对皮肤有一定的脱脂作用,对眼睛也有一定的刺激性,所以逐渐被十二醇硫酸钠的聚氧乙烯衍生物或二乙醇胺、三乙醇胺盐代替。这些原料都比较温和,且脱脂作用较小,与添加剂相溶性较好,并在天气寒冷时仍能保持透明。广泛使用的泡沫剂还有聚氧乙烯醚硫酸酯以及月桂醇醚硫酸酯,这些原料比十二醇硫酸钠温和,对香料的溶解性好,不损伤头发的角蛋白,在碱性条件下比较稳定。

2. 泡沫稳定剂

泡沫稳定剂能改善和增加泡沫的稳定性,还能增加产品的黏度。主要品种有脂肪酸、乙醇酰胺类,如月桂酸乙醇酰和椰油酸乙醇酰胺等。

3. 抗硬水剂

用硬水洗头时,硬水所含钙、镁离子易与硬脂酸钠反应产生皂垢而粘在头上。为防止出现这种现象,在洗发剂中加入柠檬酸或乙二胺四乙酸(EDTA),这些成分先与硬水中的钙、镁离子结合。加入少量的非离子表面活性剂,如聚氧乙烯失水山梨醇单油酸酯(吐温-80),也可分散皂垢,增加头发的光泽。

4. 调理剂

将头发洗净,头发干燥后会变得轻飘蓬松,不易梳理和定型,所以在洗发剂里加入调理剂给头发涂上一层极薄的膜,既有抗静电作用,又能改善头发的手感,使头发光滑柔软,易于梳理。常用的调理剂是阳离子表面活性剂,如各种季铵盐。

5. 特种添加剂

特种添加剂是指药物洗发剂中添加的具有一定疗效的药物，如首乌提取物、田七提取物、人参提取物、花粉提取物、蜂王浆提取物等营养物质及间苯二酚、水杨酸、六氯二苯酚基甲烷等抗菌剂。

6. 防腐剂

为了保障洗发剂存放时不变坏，必须防止霉菌与细菌的侵袭，因此还要在洗发剂中加入少许的防腐剂，如对羟基苯甲酸甲酯、2-溴-2-硝基丙醇等。

7. 增稠剂

为了使洗发剂具有一定的黏稠度，产品中还要添加少许天然树脂或合成胶之类的增稠物质。常用的增稠剂有甲基纤维素、羧甲基纤维素钠和羟乙基纤维素等。如果加入1%的无水硫酸钠或氯化钠也可使洗发剂增稠，但如果用量过多，在低温时会有结晶析出。

8. 增溶剂

在制备透明洗发剂时，为了使洗发剂在冷天也保持透明，可加入增溶剂。常用的增溶剂有丁醇、异丙醇、丙二醇、松油醇等。

9. 香料和色素

洗发剂的香料多用香草药型、花香型和水果香型。洗发剂所用色素着色宜淡，使产品看上去光亮美观，并要求耐晒和耐热等。

（四）洗发剂类型与制法

洗发剂的类型有粉状洗发剂、膏状洗发剂、液状洗发剂、透明洗发剂等，不同类型的洗发剂制法也不同。

1. 粉状洗发剂

粉状洗发剂具有使用方便、泡沫丰富、去污力强的特点。其主要原料是中草药提取物、十二醇硫酸钠，还有抗头屑和止痒的升华硫、三溴水杨酰苯胺等。粉状洗发剂的制作过程主要包括配料、筛料、混合搅拌、加香料搅拌、包装等。

（1）配方举例如表5-1所示。

表5-1 粉状洗发剂的配方

	组成	质量分数/(%)
甲组	十二醇硫酸钠	14.0
	升华硫	3.0
	三溴水杨酸苯胺	0.5
	龙脑	0.3
	硫酸氢钠	70.0
	硼砂	5.0
	麦冬提取物	7.0
乙组	香料	适量

（2）制作方法：将甲组组分置于容器内混合搅匀，再加入香料混合均匀即可。

（3）说明：配方中的麦冬提取物含有麦冬皂苷、麦冬酮和多糖等成分，其中麦冬多糖具有保湿和活血化瘀等作用，能使毛发亮泽。

2. 膏状洗发剂

膏状洗发剂是一种水包油型乳化体。其特点是泡沫丰富、去污力好、香气四溢、使用方便，用后头发洁净光亮、蓬松柔软、滑爽易梳。其制法与雪花膏基本相同。

(1) 配方举例如表 5-2 所示。

表 5-2 膏状洗发剂的配方

组成	质量分数/(%)
丙二醇	36.0
十二烷基硫酸钠	2.0
土茯苓提取物	5.0
植物防腐剂	3.0
植物香料	1.5
纯化水	适量

(2) 制作方法：将所有原料混合加热至 45 ℃，搅拌均匀，冷却后过滤即可装瓶。

(3) 说明：本品有止痒、去屑和治疗偏头痛的作用，并有提神醒脑的功效。

3. 液状洗发剂

液状洗发剂多采用合成洗涤剂制成。这种洗发剂一般制成乳液状。在配方中含有一定的不透明成分，如乙二醇酯和硬脂酸盐等。

(1) 配方举例如表 5-3 所示。

表 5-3 液状洗发剂的配方

组成	质量分数/(%)
AES-NH_4(30%)	20.0
十二烷基硫酸钠(30%)	18.0
十一烯酸单乙醇酰胺磺基琥珀酸钠	6.0
椰油酰胺丙基甜菜碱	4.0
椰油基单乙醇酰胺	3.0
SP-295 聚硅氧烷季铵盐	2.0
珠光剂	1.5
氯化钠	适量
柠檬酸(调 pH 值至 6.0)	适量
苦参、牛蒡子、商陆、槐叶提取物	30.0
防腐剂	适量
香料	适量
去离子水	加至 100.0

(2) 制作方法：将全部原料溶于水混合均匀，即可包装。

(3) 说明：配方中的牛蒡子主要活性成分为牛蒡子苷，对多种致病真菌有不同程度的抑制作用。苦参的有效成分为氧化苦参碱，能抑制环核苷磷酸二酯酶的活性，提高细胞内环磷酸腺苷水平，可以促进生发，此外氧化苦参碱对皮肤真菌有较强的抑制作用，故该洗发水具有

去屑止痒作用。

4. 透明洗发剂

透明洗发剂是最流行的一种洗发剂。设计这种产品时，必须考虑在低温状况下仍能保证清澈透明，其黏度一般较低。

(1) 配方举例如表 5-4 所示。

表 5-4 透明洗发剂的配方

组成	质量分数/(%)
月桂醇醚硫酸钠	15.00
月桂酰二乙醇胺	2.70
吐温-80	10.00
EDTA	0.05
墨旱莲、女贞子、熟地、黄精、枸杞子、何首乌提取物	20.00
香料	适量
磷酸	适量
精制水	加至 100.00

(2) 制作方法：将全部原料混合均匀，然后用磷酸将液料 pH 值调至 7，经静置后除去杂质，包装。

(3) 说明：配方中的中草药组方具有很好的乌发作用，其中墨旱莲含有多种噻吩类化合物、皂苷、烟碱、鞣质等活性成分，能增加头皮血流量，且具有抗菌作用，与女贞子等中草药配伍，能增强乌发效果。

5. 泡沫洗发剂

针对儿童皮肤娇嫩等特点，须采用极温和的泡沫剂，使之具有温和的除油去污作用，同时要求不刺激眼睛和头发，以 pH 值在 6.6～7.3 为宜。

(1) 配方举例如表 5-5 所示。

表 5-5 泡沫洗发剂的配方

组成	质量分数(%)
精制水	62.0
对羟基苯甲酸甲酯	0.2
椰油酰胺丙基甜菜碱	20.0
N-酰基谷氨酸钠(AGA)	10.0
油酰氨基酸钠	5.0
黄春菊提取物	2.0
香料	0.5
氯化钠	适量

(2) 制作方法：将对羟基苯甲酸甲酯和精制水置于混合器中加热至 50 ℃，搅拌下依次加入椰油酰胺丙基甜菜碱、N-酰基谷氨酸钠(AGA)、油酰氨基酸钠，混合均匀后加入黄春菊提取物，最后调香，用氯化钠调节稠度。

(3) 说明:配方中的黄春菊提取物能使头发发亮。同时本品温和,对皮肤无刺激性,适合儿童使用。

二、剃须用化妆品

剃须用化妆品是供男性剃须时使用的化妆品。它包括剃须皂、剃须膏、剃须前洗液和剃须后洗液等。以下重点介绍剃须膏的种类和制法。

剃须膏是剃须前用于软化胡须,使之易于剃除的产品,同时能减轻皮肤与剃刀之间的机械摩擦,使表皮少受损伤。剃须膏含有表面活性剂、消毒剂、清凉剂等,它对胡须有很强的浸透、润湿和软化作用,而且剃须膏呈中性,对皮肤无刺激性。目前,国产剃须膏主要有泡沫剃须膏和无泡沫剃须膏两种。

(一) 泡沫剃须膏

泡沫剃须膏是柔软均匀的乳液,有适当的稠度,用软管装贮。使用时具有丰富的泡沫,附着在皮肤上不容易干,不含游离碱,对皮肤无刺激,不易引起过敏反应。

(1) 硬脂酸、椰子油与氢氧化钾和少量的氢氧化钠反应生成钾钠混合皂,这是泡沫剃须膏的重要膏体原料。

(2) 钾钠混合皂以及添加的中性皂皆有很好的发泡性。

(3) 为使剃须膏在使用过程中不易干涸,常加入适量的保湿剂,如甘油、丙二醇或山梨醇等。

(4) 六氯二羟基二苯甲烷是剃须膏中常用的消毒剂,它能防止表皮或毛囊等在剃须时受到损伤而引起细菌感染。

(5) 剃须膏所用的香料中常加入适量的薄荷脑,使用时有清凉感,并有一定的收敛、麻醉和杀菌防腐作用。

(二) 无泡沫剃须膏

无泡沫剃须膏又称免刷剃须膏。

1. 特点

使用时不用刷子涂敷,涂完后不起泡,软化胡须的功能好。

2. 配方

无泡沫剃须膏配方与雪花膏相同,一般含硬脂酸 10%~30%,其中仅有部分被碱皂化。其所含滋润物质较多,常用的脂肪性滋润物质有羊毛脂、单硬脂酸甘油酯、鲸蜡醇或胆甾醇等。常用的保湿剂有丙二醇和甘油等。

第三节 护发类的发用化妆品

护发类的发用化妆品简称护发用品,是具有滋润头发、使头发亮泽功效的头发美容保健品。主要品种有普通头发调理剂、营养型头发调理剂、透明头发调理剂、护发素、喷雾型头发调理剂、发油和发乳等。

普通头发调理剂主体成分是油性组分、表面活性剂、调理剂和去离子水。辅助成分是防腐剂、抗氧化剂、香料和色素等。

一、发乳

发乳为油-水乳化制品，属轻油型护发用品。发乳不仅可使头发润湿和柔软，而且还有定型作用。

发乳有水包油和油包水两种乳化类型，发乳主体成分有油性组分、水性组分、乳化剂和其他添加剂。

我国古代已使用发乳。《千金要方》记载的治头痒白屑方，用蔓荆子、附子、细辛、续断、零陵香、皂荚、泽兰、防风、杏仁、藿香、白芷各二两，松叶、石楠各三两，莽草一两，马鬃膏、猪脂、熊脂、甘松各二升。将上十八味，以清醋三升，渍药一宿，明旦以马鬃膏等微火煎，三上三下，以白芷色黄，膏成。用以泽发，治头中风痒白屑。《太平圣惠方》记载的令发易长方，用墨旱莲汁三升、羊乳一升、麻油二升、猪脂一升。将上诸药，先煎乳一沸，次入脂等，更煎三两沸、放冷，以瓷盒储之。每日涂发。能令发易长。《太平圣惠方》记载的胡麻膏，用胡麻油一升，腊月猪脂一升，乌鸡脂一合，丁香一两半，甘松香一两半，零陵香三两，竹叶二两，细辛二两，川椒二两，苜蓿香三两，白芷一两，泽兰一两，大麻仁一两，桑白皮一两，辛夷一两，桑寄生一两，蔓荆子一两，防风三两，杏仁三两，莽草一两，侧柏叶三两。将上诸药，川椒去目，防风去芦头，杏仁烫浸去皮，都细锉，米泔浸一宿，漉出。纳入油、猪鸡脂中，以慢火煎，候白芷色焦黄，膏成，绵滤去渣，以瓷盒盛。净洗头，涂之，能长发，令速生及黑润。日二用，三十日发生。《肘后备急方》记载的蜡泽饰发方，用青木香、白芷、零陵香、甘松、泽兰各 3 g，用绵包裹，酒浸二宿，入油中煎二宿，加适量蜂蜡急煎，再入少量胭脂，缓火煎，令黏极，去滓作挺以饰发，治头不光泽。

中草药配伍一般为：君药用油脂类药物，如乌麻油等，润泽毛发；臣药用补益类药物，如桑寄生、墨旱莲等，以助毛发生长及使毛发黑亮；佐药用祛邪类药物，如黄柏、防风等，以防治头皮的疾病；使药用蜂蜡、胶等油、黏之品作为赋形剂，并能赋予毛发柔润光亮感，亦能为毛发定型，也可用芳香类药物，使头发芳香宜人。

常用药材有乌麻油、火麻仁、槐子油、核桃油、鸡脂、猪脂、杏仁、附子、韭根、当归、桑寄生、墨旱莲、人参、生地、覆盆子、川椒、姜、肉桂、桑白皮、侧柏叶、细辛、黄芩、防风、蔓荆子、升麻、辛夷、蜂蜡、槐胶、广明胶、泽兰、香茅、丁香、甘松等。

（一）发乳的成分

（1）油相组分有蜂蜡、凡士林、白油、橄榄油、蓖麻油、羊毛脂及其衍生物，角鲨烷、硅油、高级脂肪酸酯、高级醇等。

（2）水相组分有去离子水、甘油、丙二醇等。

（3）乳化剂有三乙醇胺皂、脂肪醇硫酸盐等。

（4）此外还有赋形剂、防腐剂、螯合剂和香料等。

（二）油包水型发乳

1864 年，雷曼尔首先用杏仁油和石灰水制成油包水型发乳作为润发定型用品，但由于乳化剂不好，所以发乳不够稳定，用前必须振荡。一百多年以来，人们通过对发乳的基本配方，特别是对乳化剂的不断改进，使油包水型发乳的质量趋于稳定。但是，由于油包水型发乳的外相是油脂，所以有些油腻，对头发梳理成型的效果没有水包油型发乳的好。

（1）配方举例如表 5-6 所示。

表 5-6 油包水型发乳的配方

	组成	质量分数/(%)
甲组	白油	约 37.0
	凡士林	6.0
	蜂蜡	2.0
	对羟基苯甲酸丁酯	0.2
	没食子酸丙酯	0.1
	司盘-40	1.0
乙组	硼砂	0.5
	精制水	约 49.5
	十二烷基硫酸钠	1.0
丙组	南瓜子油	2.0
	香料	0.5
	色料	适量

(2) 制作方法:将甲、乙组原料分别混合搅拌加热至 75 ℃,在搅拌下将乙组原料加入甲组中进行乳化,当温度降至 45 ℃时加入丙组原料,搅拌均匀,即可。

(3) 说明:配方中的南瓜子油有营养头发,使头发光泽黑亮的作用,且能使头发易于梳理。长期使用本品,具有养发护发,软化头发,使头发光亮等作用。

(三) 水包油型发乳

水包油型发乳远在第二次世界大战时就已研制成功,但那时的产品质量低下。如今的水包油型发乳是一种光亮、均匀、稠度适宜、洁白细腻的乳化体。

由于水包油型发乳的外相是水,因此发乳中的水分很容易被头发吸收,破乳后形成油脂薄膜,存留于发干,起很好的保护头发水分的作用,并且易于梳理成型,光泽自然,滑爽不腻,清香宜人,是较好的护发佳品。

(1) 配方举例如表 5-7 所示。

表 5-7 水包油型发乳的配方

	组成	质量分数/(%)
甲组	白油	30.0
	凡士林	10.0
	单硬脂酸甘油酯	5.0
	乙酰化羊毛脂	3.0
乙组	十二醇硫酸钠	0.8
	精制水	约 47.7
	何首乌提取物	1.5
	丹参提取物	1.0
	蒲公英提取物	1.0
丙组	香料	适量

(2) 制作方法:甲组原料为油相,乙组原料为水相。将油相与水相分别加热至 90 ℃,然后在搅拌下将油相徐徐加入水相中,使其乳化。冷却至 45 ℃时加入香料,搅拌均匀后由泵送至均质机,使乳化颗粒更小。

(3) 说明:本配方集润发、乌发为一体。

二、护发素

护发素又叫润丝,是在洗发时使用洗发剂之后将其涂抹在头发上轻揉片刻,再用水冲洗干净,能使头发恢复柔软和有光泽,对头发具有极好的调理和保养作用。护发素的主要成分是阳离子型调理剂。

三、焗油

焗油是一种通过蒸汽将油分和各种营养物质渗入到发根,起养发、护发作用的护发剂。它能增加头发光泽,使头发柔软,易于梳理,尤其对经常染发、烫发或风吹日晒造成干枯、无光泽、易脆的头发有较好的修复功能。焗油一般是水包油型乳液,其配方与护发素相近。

(1) 配方举例如表 5-8 所示。

表 5-8 焗油的配方

	组成	质量分数/(%)
甲组	羊毛脂	1.5
	十八醇	1.5
	十二烷基二甲基苄基氯化铵	1.0
	聚氧乙烯(9)月桂醇醚	0.5
	卵黄磷脂	3.0
乙组	精制水	约 92.0
	乳酸	0.1
	2-硝基-1,3-丙三醇	0.1
丙组	黄瓜油	0.3
丁组	香料	适量

(2) 制作方法:将甲组、乙组原料分别混合搅拌加热至 70 ℃左右,在搅拌下将甲组原料加入乙组原料中,待充分乳化后加入黄瓜油混匀,当温度降至 45 ℃时加入香料,搅匀即得。

(3) 说明:本品含有黄瓜油和卵黄磷脂,能使头发柔软,有光泽,便于梳理。

四、发胶

发胶可用于梳整头发,保持发型,具有使用方便、成膜均匀、定发效果好等优点。发胶主要分为喷发胶、定型发胶、凝胶状定型发膏。

(一) 喷发胶

喷发胶喷在头发上,干燥后在头发表面形成了一层韧性薄膜,从而可以保持整个头发的形状。其主要由成膜剂、喷射剂、增塑剂、溶剂等组成。

(1) 成膜剂:主要使用的是合成树脂,如聚维酮、丙烯酸树脂、PVP/VA 共聚物等高分子化合物，它们可以在头发上形成柔软的薄膜，并具有一定的强度，使头发易于梳理成型，且易被水洗去。

（2）喷射剂：一般采用氯氟烃、二甲醚、丙烷、丁烷等，其主要是作为喷射发胶内容物的动力，有时也可作为溶剂和稀释剂。

（3）增塑剂：为了增强喷发胶的可塑性，常加增塑剂，如羊毛脂等。

（4）溶剂：加入乙醇作为溶剂，可溶解成膜剂、调理剂、香料等，而且喷洒在头发上后，能迅速挥发，形成均匀的薄膜。

（5）配方举例如表5-9所示。

表5-9 喷发胶的配方

组成	质量分数/(%)
聚维酮	2.5
羊毛脂	0.3
聚乙二醇	0.2
无水乙醇	32.0
氯氟烃-11	约46.0
氟利昂-12	17.0
桑叶提取物	2.0
香料	适量

（6）制作方法：先将无水乙醇放入搅拌锅中，依次加入其他组分，搅拌使其充分溶解，必要时可适当加热，然后加入香料，搅拌均匀，滤过得原液。将原液按配方充入气压容器内，安装阀门后按配方量充气即得。

（7）说明：配方中的桑叶提取物有利于毛发的生长，对毛发脱落、须发早白和头发干枯有一定的防治作用。本品长期使用可护发、乌发。

（二）定型发胶与凝胶状定型发膏

由于喷发胶中采用了喷射剂，其中氟氯烃对大气臭氧层会造成破坏，二甲醚、丙烷、丁烷等则属易燃危险品。因此，喷射剂使用较少，且以水为主要溶剂的定型发胶和凝胶状定型发膏则具有较大优势。

定型发胶是一种主要用于修饰和固定发型的液状定发制品，其配方除不含喷射剂外，其他组分与喷发胶相似。凝胶状定型发膏是一种膏状体，其作用和配方组成与定型发胶基本相同，只是不加或少加乙醇使其成为胶状膏体，同时加入增稠剂来增加膏体的稠度。

五、摩丝

摩丝是一种具有护发、定发、调理等多种功能的泡沫状制品，其主要由高聚物、喷射剂、溶剂、表面活性剂、调理剂等组成。

摩丝中用于定型的高聚物与喷发胶中的成膜剂差不多，但摩丝是以水代替部分乙醇作为溶剂，并以表面活性剂作为发泡剂，再配以少量的喷射剂。

摩丝不需要太丰富的泡沫，所以施用于头发后泡沫应很快消失。摩丝中常用的发泡剂是HLB值为12～16的非离子型表面活性剂，如聚氧乙烯失水山梨醇脂肪酸酯等。摩丝中常加入护发成分来改善摩丝的润滑性和可塑性。

1. 摩丝的主体成分

(1) 成膜剂。

(2) 发泡剂。

(3) 溶剂。

(4) 喷射剂。

(5) 头发调理剂。

(6) 辅助成分。

2. 配方举例

如表 5-10 所示。

表 5-10 摩丝的配方

组成	质量分数/(%)
聚维酮	14.0
无水乙醇	16.0
聚氧乙烯	0.5
聚氧乙烯(20)油醇醚	15.0
白芍、丹参提取物	10.0
香料、防腐剂	适量
去离子水	加至 100.0

3. 制作方法

将无水乙醇放入搅拌锅中，一边搅拌一边慢慢加入聚维酮，至完全溶解后，再加入其他组分搅匀，过滤得原液。将原液按配方加入气压容器内，装上阀门后，按配方压入喷射剂。

4. 说明

本品含白芍、丹参提取物，有活血通络、养发护发的作用。

第四节 美化毛发用品

美化毛发用品主要包括染发剂、烫发剂、脱毛剂等，属于特殊用途化妆品。

一、染发剂

当人出现白发时，不管是正常的生理现象还是异常的生理现象，都不美观。因此，人们常借助美发剂将白发染黑，弥补头发的缺陷，使之恢复青春。

人类染发的历史悠久，迄今为止，已使用植物染发剂、矿物性染发剂、二剂型染发剂等。目前染发剂的原料丰富，但品种较单调、安全性较差，有待深入细致的研究，大力开发无毒、安全、高效的新品种，以满足广大消费者的需要。

我国有用大豆、没食子等染毛发的记载。《肘后备急方》中的大豆煎，用醋浆、大豆，将两药以浆煮至豆烂，去豆煮稠。用以涂发，可达到发须黑如漆色的效果。《德生堂经验方》中的丁香煮散，用母丁香一钱，没食子二个，川百药煎一钱半，甘松一两，针砂一钱半，白及二钱半，铁钉一个，诃子皮二钱，山柰一钱。将针砂醋炒，上药除铁钉，为细末，水一大碗，煎至七分，用小瓶盛储，用铁钉浸在药水内，油纸盖护，勿令尘土入内，三日后用。临卧用掠发鬓，次早以温水洗去。能乌鬓发，掠发鬓、令光黑。

据现代医学研究，在古代染发药物配伍中用的收敛固涩药(如酸石榴皮、没食子)，含有鞣酸，鞣酸能与铁等金属元素形成不溶性化合物，有加强着色的功效；补肾药，如墨旱莲、生地等，以及润泽毛发的药物如麻油等，含黏液质的药物，如白及、橡实等，可在毛发表面形成一层薄膜以护发并加强着色。有的芳香类药物有祛风、杀虫、止痒的作用，可去头屑止痒。配方中黑色颜料，如炭黑、金属铁和铜等，与中草药中的某些成分发生氧化反应，可生成不溶性的黑色色素。

(一) 植物染发剂

有的人以乌发为美，常将白发染黑。有的人则根据不同的喜好将头发染成金色、黄色、红色、紫罗兰色等。因此，染发剂是根据人们的需要和习惯使用而发展的。

人类最早使用的染发剂是植物染发剂，其历史可追溯到几千年前。在很早以前，中国和希腊就用藏红花、茜草、羽扇头花辅以硝石、石灰或银盐之类，借助日光的氧化作用进行染发。古埃及则有用指甲花叶染发的记载，现在仍有使用者。目前，人们还使用植物提取物进行染发，如焦棓酚、栎皮粉、盐肤木、甘菊花等。

指甲花叶染发主要靠其含有 2-羟基-1,4-萘醌成分实现的。单独使用时会呈红棕色，当与其他物质混合使用时，能扩大变色范围。例如，指甲花叶与靛类叶粉混用能染成蓝色；指甲花叶与槐兰叶混用能染成黑色。此外，指甲花叶与连苯三酚、铜或其他金属元素同时使用还能染成其他颜色。其使用方法是将指甲花叶的干燥粉末在热水中煮成稠液，其中加些柠檬酸或其他适当的酸，使溶液呈酸性(pH 值约为 5.5)，然后搽到头上，用毛巾等物保温。涂敷时间依头发的状态、指甲花的活性、黏稠液的 pH 值、希望的颜色等来定。使用后用清水漂净、洗发，然后吹干。

植物染发剂的优点是色调比较稳定，对皮肤无刺激，对人体无损害。其缺点是原料来源不稳定，色调范围和性能不能满足需要，使用时易污染，使用后头发粗糙，缺之自然感。

(1) 配方举例如表 5-11 所示。

表 5-11　植物染发剂的配方

	组成	质量分数/(%)
甲组	高铁血红素	0.40
	β-甘草亭酸	0.20
	对羟基苯甲酸酯	0.20
	聚氧乙烯化羊毛脂	1.50
	1,3-丁二烯	2.00
	聚氧乙烯十六醇醚	1.50
	抗坏血酸钠	0.05
	三氯羟基二苯醚	0.05
乙组	黄春菊提取物	1.00
	鼠尾草提取物	1.00

续表

	组成	质量分数/(%)
	硫黄	0.10
	芦荟提取物	1.00
	去离子水	约 91.00
丙组	叶绿素铜钠	0.005

(2) 制作方法:把甲组、乙组原料分别加热至 80 ℃。在搅拌下徐徐地将甲组原料加入乙组中,冷却至液体开始变稠和平滑,在充分搅拌下,缓慢地添加叶绿素铜钠,继续搅拌,冷却至约 35 ℃,即得。

(3) 说明:配方中黄春菊提取物为染成黑发的主要成分,而且与鼠尾草提取物、芦荟提取物配伍,可使头发乌黑发亮。

(二) 矿物性染发剂

矿物性染发剂又称无机金属盐类染发剂,因为无机盐属于矿物质,所以这种染发剂不能透入发髓,只能附在头发表面显示出各种金属化合物的颜色。

矿物性染发剂的基质原料是铅盐或银盐,少数是铜盐、铁盐、铋盐等,如醋酸铅、硝酸银、硫酸亚铁、次硝酸铋或柠檬酸铋等,以其水溶液进行染发,在光合作用下,成为不溶性的硫化物或氧化物,这些黑色的硫化物或氧化物沉淀并附着于头发表面,达到染发目的。市售的"乌发宝""乌发乳"等都属于此种类型的染发剂。

(1) 配方举例如表 5-12 所示。

表 5-12　矿物性染发剂的配方

	组成	质量分数/(%)
甲组	硬脂酸甘油酯	6.5
	TegoneA	4.5
	二甲基氨丙基棕榈酰胺	0.4
	硬脂醇	3.0
	聚氧乙烯月桂醚	0.5
乙组	精制水	75.4
	黄精提取物	2.0
	丙二醇	5.0
	硫黄粉	1.0
丙组	醋酸铅	1.7

(2) 制作方法:把甲组、乙组原料分别加热至 80 ℃,在搅拌下徐徐地将甲组物质加入乙组中,使其充分乳化。冷却至液体开始变稠和平滑,在充分搅拌下,缓慢地添加醋酸铅,继续搅拌,冷却至约 35 ℃。

(3) 说明:配方中的 TegoneA 为单硬脂酸甘油酯、豆蔻酸酸异丙酯、硬脂酰硬脂酸酯三者的调和物,是一种优质的新型复合乳化剂。黄精提取物有使白发变黑的作用,且头发变黑后不褪色,同时还有生发的功能。按此配方制得的染发剂,即是商品乌发乳。其使用方法是每天涂两遍。头发在一星期内开始变黑,继续使用,效果更佳。

除铅盐染发剂外,还有铁盐染发剂、铋盐染发剂。矿物性染发剂使用的原料不同产生的色调也不一样,铅盐在灰白的头发上产生黄色到棕色和黑色色调,而银盐则产生金黄色到黑色色调等。

矿物性染发剂原料丰富,使用方便,生产工艺简单。但作为染发物质的铅盐、银盐、铜盐、铁盐、铋盐等都有毒,对皮肤有刺激性,安全性能差。我国对染发剂中所用的醋酸铅有严格规定,一般不超过 4%。

(三) 二剂型染发剂

二剂型染发剂又称为二剂型氧化剂,因为它能透入发髓,保持黑色时间较久,故又称永久性染发剂。

二剂型染发剂由两剂组成:第一剂是以氧化染料对苯二胺、氨基酸及其衍生物等作为头发染色剂。这些物质均能渗透至发髓,并与角蛋白相结合,它是二剂型染发剂的主要原料。1883 年,法国巴黎梦内脱(Monnet)公司首先起用对苯二胺作为头发染色剂,并沿用至今。第二剂为显色剂,一般用过氧化氢等。早期用对苯二胺类染发剂染发是利用空气自然氧化显色,需好几小时甚至一天,后来人们发现过氧化氢能缩短显色时间,仅需 20~30 min。显色剂的发现和使用,促进了染发剂的迅速发展。

过氧化氢的氧化作用,使对苯二胺发生一系列的氧化和缩合反应,此反应需 10~15 min。

染发剂中部分小分子的氧化性染料在染发时能透入毛髓质并侵入头发角蛋白,氧化成锁闭在头发上的大分子黑色物质,从而达到白发染黑的目的。为了提高染黑效果,往往在对苯二胺中加入少量间苯二酚、对氨基酚或邻氨基酚。为了便于储存以及改进染发效果,有必要加入抗氧化剂、螯合剂、增稠剂、香料等添加剂。

许多染发剂的溶液是淡黄色到琥珀色的,空气氧化促使其颜色变深,氧化后的染发剂染发效果降低,为此必须加入抗氧化剂亚硫酸钠。碱性亚硫酸钠可保持染发剂在制造和储存过程中相对的稳定,并能降低对苯二胺及其他化合物的毒性,用量一般不超过 0.5%,其他抗氧化剂有硫代乙醇酸,用量为 0.1%~0.2%。

过氧化氢作为显色剂用于氧化染料,与染料混合时,因为染料中含有的微量金属元素会促使过氧化氢分解失去显色的作用,因此在染液里加入 0.2%~0.5%的乙二胺四乙酸钠,可控制此不良影响。

在碱性条件下头发易软化和膨胀,染料容易产生氧化反应,染发效果好,因此在染发剂中还要加入适量的氢氧化铵。

在染发剂中的香料,要求既不与过氧化氢反应,又不与氢氧化铵反应,一般来说醛类香料能满足此要求。

二剂型染发剂的染发操作:取等量的第一剂和第二剂混合均匀,染于清洗后干燥的头发上,梳匀后过 30 min(冬天可适当延长时间),用温水冲洗,再用洗发剂清洗,染发完毕。

用二剂型染发剂染发,一般可保持 40~50 天,而且耐洗涤。市面上的永久性染发剂都是二剂型染发剂。这种染发剂使用方便,作用迅速,染发后的颜色接近天然色泽,牢固度好,适宜家庭和理发店使用,是目前流行的染发用品。

当然,头发除染成黑色以外,还可以根据需要染成其他颜色。

(1) 配方举例如表 5-13 所示。

表 5-13 二剂型染发剂的配方

	组成	质量分数/(%)
第一剂	羧甲基纤维素	0.5
	鱼石脂	20.0
	乙醇	10.0
	水	69.5
第二剂	乙醇	10.0
	七水硫酸铁	10.0
	羟乙基纤维素	0.3
	亚硫酸钠	0.2
	盐酸(36%)	9.5
	水	70.0

(2) 说明:此方为黄色染发剂配方。

(四) 三剂型染发剂

三剂型染发剂是在二剂型染发剂的基础上,加入了第三剂——漂白促进剂而制成。

(1) 配方举例如表 5-14 所示。

表 5-14 三剂型染发剂的配方

	组成	质量分数/(%)
第一剂	染料中间体	0.8
	蔗糖	4.2
	载体	约 95.0
	抗氧化剂	适量
第二剂	过氧化氢(6%)	6.0
	精制水	90.0
	白及提取物	4.0
第三剂	过二硫酸钾	36.0
	过二硫酸铵	22.0
	氧化硅	36.0
	羧甲基纤维素	5.0
	乙二胺四乙酸	1.0

(2) 制作方法:将第一剂、第二剂、第三剂以 10∶3∶20 的比例于用前混合,施于发际,30 min后漂洗干净。

(3) 说明:配方中的白及提取物主要含黏液质、挥发油等化学成分,其中黏液质含量较高,久用能在毛发表面形成一层薄膜以护发并加强着色。

（五）染发的注意事项

(1) 染发者首先应检查被染发者头皮是否有破痕，头皮有破痕或伤痕未愈者以及孕妇，都不能染发。

(2) 使用染发剂染发时，应先做过敏试验，即按照配染发剂的方法配好溶液，先在耳后皮肤上涂硬币大小的染发剂。经过 24 h 后仔细观察，如发现被涂部出现红肿、水疱、丘疹等症状，说明被染发者对这种染发剂有不良反应，应立即将涂抹部位的染发剂擦干净，并改用其他品种，如乌发乳等。

(3) 使用乌发乳或染发膏染发时，因为内含金属铅，用后一定要洗手，不要使其残留在指甲缝里。

(4) 染发前应将头发洗净，不应有汗渍或油垢，否则会使染发剂与头发接触不良，达不到染发效果。对于既染发又烫发者，应先烫后染。

(5) 长期从事染发的理发师应注意劳动保护，操作时应戴上橡皮手套。若不慎沾在手上，应立即洗净。

二、烫发剂

烫发剂是指用各种烫发方法所需要的化学药剂。本节主要介绍二剂型冷烫烫发，这种烫发方法是一种使头发卷曲的造型艺术。整洁、美观、大方、自然、健康的发型可以给人增添俊美感。

（一）烫发的原理

象形文字记载着人们曾经佩戴波浪形的假发，这一事实说明在很早人们就有烫发的习惯和技术。古代烫发的方法是将头发卷在棒上涂上泥，在日光下晒几天，这虽然不能说是真正的烫发，但可以说是卷发的开始。

烫发一般是先将头发卷曲，然后采用加热卷烫的方法使之具有优美的波浪造型。1905年，奈思勒(Nessier)首先用人的头发试验烫发成功。其方法是将头发卷在圆筒上进行加热，通过一整天才将头发烫成波浪形。随着化妆品生产技术的发展与对头发物理化学性质的进一步认识，人们对烫发产生了浓厚的兴趣，于是又发明了电烫和冷烫。烫发技术的发展，促进了人们对于烫发理论的研究。

从化学上讲，头发几乎是由角质细胞构成的。角质细胞中的主要成分是胱氨酸。胱氨酸是氨基酸的一种，它的分子含有二硫键。头发的多肽链之间，有氢键、离子键和二硫键。烫发时，水或酸碱物质以及机械揉搓力已将氢键切断，但是二硫键由于结合力较强，仍未被切断。实际烫发时，一般常采用还原剂(软化剂)使胱氨酸肽链之间的二硫键断开，使头发卷曲产生波浪，但是，这样卷曲成的发型不能永久地保持。要想让设计好的发型固定下来，还必须使用氧化剂(固定剂)将已断裂的二硫键重新再接上，进行修复，这样才能使发型保持长久。

（二）烫发的方法

烫发的化学原理复杂，方法很多，有水烫、火烫、电烫、冷烫等。其中，冷烫是一种最先进的化学烫发方法，在世界上广泛采用。

1. 水烫

水烫是一种比较原始的烫发方法。所谓水烫是将头发用热水或蒸汽浸湿后卷曲成型，使头发纤维因受到拉力变形，并在卷曲状态下干燥，可以暂时保持波浪形，由于水烫并没有触及头发的内部结构，没有改变头发纤维的化学性质，因此水烫后的发型不能持久。

2. 火烫

火烫又叫火钳烫，是将火钳放在火上加热，然后夹住头发，经过火钳的压力，使头发弯曲成各种形状。运用火钳，可以直接烫出所需要的发型，但因为火钳只是在表面上改变头发的样子，不是从头发的内部改变其结构，所以经火烫后的波浪纹路保持时间不长，遇水会变直。

3. 电烫

电烫是用电作为热源，辅之以电烫剂将头发烫成各种卷曲优美的发型。进行电烫时要使用电烫设备和电烫剂。电烫剂的主要成分是亚硫酸盐、挥发性碱类、润湿剂和油脂等，如亚硫酸钠、碳酸铵、碳酸氢钠、硼砂、乙醇胺、皂酚、磺化蓖麻油等。其主要作用是将头发软化润湿，使头发易于卷曲成型，烫后留有光泽且不致干枯。由于电烫是从头发的内部改变结构，因此发型保持的时间较长。

4. 冷烫

冷烫又叫化学烫。冷烫一般是使用硫代乙醇酸铵等还原剂将头发的二硫键切断，使头发形成卷曲的波浪，然后再用过硼酸钠等氧化剂将其修复，把发型固定下来。冷烫一般用二剂型冷烫剂，即第一剂为软化剂，第二剂为固定剂，由于冷烫改变了头发的内部结构，因此发型能保持长久。

（三）二剂型冷烫剂

冷烫所用的化学剂主要有两种：一种是可使头发变软的软化剂；另一种是可把变化后的发型固定起来的固定剂。软化剂和固定剂合称二剂型冷烫剂。

作为软化剂的化学药品有硫代乙醇酸铵、硫代乙醇酸钠、亚硫酸铵、硫代硫酸盐、次磷酸盐、乙基和甲基胺、丙基胺、半胱氨酸盐酸盐等。固定剂有溴酸钾、过硼酸钠、过硫酸钾、过硫酸钠等。目前，我国一般是以硫代乙醇酸铵作为氧化剂，用过硼酸钠作为固定剂。

在实际软化剂产品中，除硫代乙醇酸铵外，还可加入适量的氨水和碳酸氢铵以增进效果，软化剂的 pH 值一般应维持在 8.5～9.5，pH 值达 10 以上时，毛发组织容易被破坏，发生断发或脱发现象。日本使用溴酸钾作为固定剂，欧美则多采用过氧化氢作为固定剂。

(1) 配方举例如表 5-15 所示。

表 5-15　二剂型冷烫剂的配方

	组成	质量分数/(%)
第一剂	硫代乙醇酸铵	5.5
	碳酸氢铵	6.5
	氨水(28%)	2.0
	精制水	84.0
	乌桕子提取物	2.0
第二剂	过硼酸钠	56.0
	磷酸二氢钠	42.8
	碳酸钠	1.2

(2) 说明：配方中的乌桕子提取物含有的乌桕子油具有护发、养发的功效。第二剂为粉剂配方，在具体使用时可配制成 2%的溶液。另外，固定剂也可采用 3%的过氧化氢溶液，在

具体使用时以一倍水稀释。

（四）烫发的注意事项

(1) 化学烫发操作简便，效果好，适宜在家里自烫或两人互烫。

(2) 冷烫时应按说明书规定使用冷烫液，不要放在铁器中，更不能长期在空气中暴露，因为铁元素和空气会与冷烫液中的主要成分发生化学反应。

(3) 对于头皮破伤、过敏者不宜使用。勿将冷烫剂滴在衣服上，以免脱色。

(4) 烫发前，应先洗净头发并擦干。烫发时眼睛、头、皮肤、手避免接触冷烫液，以免受刺激。

(5) 烫发后，应用温水冲洗一次，最后再吹风梳理成型。

第六章　彩妆类化妆品

彩妆类化妆品是指涂敷、喷洒于面部、指(趾)甲等部位，通过其遮盖力及色彩、光影，达到修饰矫形、增添魅力等目的的化妆品。彩妆类化妆品对皮肤及其附属器主要起局部修饰和美化的作用，因此通常只停留在皮肤表面，不进入毛孔及皮肤组织深部。使用后应及时、彻底卸妆，清除彩妆类化妆品的残留痕迹，以防不良反应的发生。

合格的彩妆类化妆品应符合下列要求：①质量符合国家标准和行业标准；②色泽均匀纯正，稳定持久；③有较好的遮盖力，易于涂抹，附着性强；④稳定性好，使用期限内无变质、变形、变味；⑤用后容易卸妆，对皮肤无刺激和毒性。

彩妆类化妆品可分为底妆修饰类化妆品、眼用类化妆品、唇部类化妆品、美甲类化妆品。

第一节　底妆修饰类化妆品

底妆修饰类化妆品是指用于面部(包括颈部)的彩妆类化妆品，能够平滑地覆盖于皮肤表面，具有掩盖皮肤缺陷，调整肤色及光泽的作用。底妆修饰类化妆品包括粉底霜、香粉、胭脂。

底妆修饰类化妆品主要由着色颜料、白色颜料、珠光颜料和填充剂等粉体部分和分散粉体原料的基质组成。常用的基质有凡士林、蜡类、合成酯类、羊毛脂及其衍生物、植物油、二甲基硅氧烷及其衍生物等油溶性成分，另外还有甘油、丙二醇等保湿剂、表面活性剂、防腐剂、抗氧化剂和香料等。其中将粉体原料制成均匀稳定的体系是制作本类化妆品的关键。

粉体原料主要包括滑石粉、高岭土、硫酸钙、碳酸镁、钛白粉、锌白粉、淀粉以及香料与色素等。优质的粉末原料应具备下列特征。

1. 遮盖性

具有良好遮盖力的粉末原料，不仅能修饰皮肤的颜色及光泽，而且能遮盖住皮肤的皲裂、雀斑、色素沉着等缺陷，增加皮肤的光洁度。底妆修饰类化妆品的遮盖作用主要依靠粉末颜料来达到，常用的遮盖剂有钛白粉、锌白粉、高岭土等。

2. 吸收性

吸收性主要是指粉体原料对皮肤汗水和皮脂等分泌物的吸收，同时也包括对香料的吸收。吸收性较强的粉质原料有高岭土、碳酸钙、碳酸镁和淀粉等。

3. 铺展性

铺展性指易于涂敷延展、光滑柔软、无颗粒凝集现象。本类化妆品上妆容易，妆面均匀，皮肤光滑有光泽。

4. 附着性

底妆修饰类化妆品必须有很好的附着性，不能出现使用后脱落的现象。对皮肤附着性较好的粉质原料有硬脂酸锌、硬脂酸镁和硬脂酸铝等，用量不能少于4%。

总之，底妆修饰类化妆品的色泽深浅程度应与自然肤色相匹配，以达到最自然和谐的修饰效果。此外，还应铺散均匀，并有较好的附着力和遮盖性，对皮肤无损害、无刺激，使用后无不舒适感。

（一）粉底霜

乳剂型粉底霜的组成有油相（油脂、蜡类等）、水相（水等）、乳化剂、粉体（二氧化钛、滑石粉、氧化铁、高岭土等）、颜料、助悬剂或增稠剂（丙烯酸共聚物等）等，主要类型有水包油型粉底霜和油包水型粉底霜。其制备方法与膏霜类化妆品相似。

1. 水包油型粉底霜

水包油型粉底霜由于外相是水相，黏度较低，较易与汗液和皮脂混合，使用时不会感到油腻，而且易于卸妆，尤其适用于温度低、干燥地区或油性皮肤。

（1）配方举例如表6-1所示。

表6-1 水包油型粉底霜的配方

	组成	质量分数/(%)
甲组	丙二醇	6.0
	EDTA-2Na	0.05
	甘草酸二钾	0.3
	NMF-50	3.0
	对羟基苯甲酸甲酯	0.1
乙组	黄原胶	0.3
	水溶性甘草黄酮	6.0
	水溶性氮酮	1.0
	十一碳烯酰基苯丙氨酸	2.0
	灵芝提取物	3.0
	CO-40	0.3
	纯化水	余量
丙组	二氧化钛	6.5
	高岭土	2.0
	氧化铁	1.0
	滑石粉	3.0
丁组	香料	0.05
	杰马-115	0.3

（2）制作方法：先将乙组中的纯化水加热至80 ℃，加入黄原胶搅拌均匀，再将进行乳化的甲组加热至75 ℃，在此温度下，边搅拌边将甲组徐徐加入乙组，然后加入丙组原料继续进行乳化，55 ℃以下时加入丁组原料，50 ℃以下停止搅拌，冷却静置后进行包装。

(3) 说明:配方中的灵芝提取物中有灵芝多糖,能抑制黑素的产生,可进一步达到美容美白的效果。

2. 油包水型粉底霜

油包水型粉底霜由于外相是油相、黏度较高,使用时有油腻感,不易卸妆。近年来,用二甲基硅氧烷作为外相制成的油包水型粉底霜,比常规的油包水型粉底霜清爽,因此适合在夏季使用。

(1) 配方举例如表 6-2 所示。

表 6-2 油包水型粉底霜的配方

	组成	质量分数/(%)
甲组	矿油	15.0
	二甲基硅氧硅聚醚	22.0
乙组	去离子水	35.5
	丙二醇	4.0
	司盘-60	5.0
	防风提取物	2.0
丙组	二氧化钛	6.5
	高岭土	2.5
	滑石粉	3.0
	氧化铁	1.0
	硅酸镁钠	3.0
丁组	香料	适量
	防腐剂	适量

(2) 制作方法:将甲组和乙组原料分别加热至 75 ℃,在此温度下,边搅拌边将甲组徐徐加入乙组中进行乳化,然后加入丙组原料继续进行乳化,55 ℃以下加入丁组原料,50 ℃以下停止搅拌,冷却静置后进行包装。

(3) 说明:配方中的防风提取物具有促进皮肤血液循环、抗过敏及防止色素形成的作用。

(二) 香粉

在中国古代,香粉又称"末香",为粉末状的香,是用粟米制作而成,最后再加上各种香料,由于粟米本身含有一定的黏性,所以用它敷面,不容易脱落。和米粉相比,铅粉的制作过程复杂得多,从早期的文献资料看,所谓铅粉,实际上包含了铅、锡、铝、锌等各种化学元素,最初用于妇女妆面的铅粉没有经过脱水处理,所以多呈糊状。自汉代以后,铅粉多被吸干水分制成粉末或固体形状。由于它质地细腻,色泽润白,并且易于保存,所以深受妇女喜爱。现代香粉是指用于粉饰面颊的化妆品。按其形态可分为粉状、块状和液状。高级香粉盒内附有彩色丝绒粉扑,花色香粉盒内附有小盒胭脂和胭脂扑。

香粉能修饰和美化人的面容,遮掩雀斑,增添魅力,用后使皮肤具有爽快和光艳的天鹅绒般的感觉,是重要的美容化妆品之一。

1. 香粉的性质

粉体原料主要包括滑石粉、高岭土、硫酸钙、碳酸镁、钛白粉、锌白粉、淀粉以及香料与色素等。这些原料按一定的比例进行混合、研磨、过筛、加工即成为香粉。香粉的质量主要取决于原料的质量与配比。

2. 香粉的种类

常用的香粉类化妆品主要有普通香粉、香粉饼、爽身粉、痱子粉、雀斑粉和狐臭粉等。

(1) 普通香粉。

普通香粉是常用的化妆用品。它能遮盖面部的微小瑕疵，具有优良的涂白和美容作用，常用于面部和颈部。

普通香粉的遮盖剂是锌白粉和钛白粉，用量一般为20%左右。吸收剂常采用高岭土、碳酸钙或碳酸镁，其用量一般为25%～30%。滑爽剂常采用滑石粉，用量最大，一般用量为50%左右甚至60%以上。附着剂常采用硬脂酸锌或硬脂酸镁，用量一般为5%～15%。

①配方举例如表6-3所示。

表6-3 普通香粉的配方

组成	质量分数/(%)
钛白粉	5.0
锌白粉	7.5
高岭土	10.0
轻质碳酸钙	5.0
碳酸镁	9.0
滑石粉	47.8
珍珠粉	7.0
硬脂酸锌	8.0
香料	0.5
色素	适量

②制作方法：按配方规定进行配料，先将香料加入轻质碳酸钙和碳酸镁中拌和均匀，过筛后，再与其他原料混合，磨细过筛，包装即可。

③说明：配方中的珍珠粉能改善皮肤的营养，增强皮肤细胞的活力和弹性，使皮肤保持柔嫩洁白。

(2) 香粉饼

香粉饼与香粉具有相同的使用目的。其优点是没有粉末飞扬，体积小，携带方便，适于外出旅行时化妆之用。但使用时，香粉饼必须借助粉扑。

香粉饼是以香粉为主体，加入适量的黏合剂、防腐剂等辅助原料，将这些原料过筛后，加入适量的黏合剂，用冲压机压制成粉饼。常用的黏合剂有西黄花胶、阿拉伯胶、羧甲基纤维素等。常用的防腐剂是山梨酸、尼泊金类或苯甲酸类。滋润剂能使香粉饼保持一定水分不致干裂，常用的有甘油、山梨醇或葡萄糖等。

优质的香粉饼必须是粉质略带透明，容易涂敷，抹在脸上服帖自然，附着力和遮盖力强，遇流汗时粉不溃，天气干燥时粉不会使皮肤干皱。此外，优质粉饼的粉质应颗粒细腻，富有油脂，使用时感觉柔软。

①配方举例如表6-4所示。

表 6-4　香粉饼的配方

	组成	质量分数/(%)
甲组	钛白粉	2.00
	锌白粉	12.00
	高岭土	15.00
	轻质碳酸钙	15.00
	滑石粉	39.50
	石膏	5.00
	硬脂酸锌	5.00
	香料	1.00
	色素	适量
乙组	海藻酸钠	0.05
	羧甲基纤维素	0.03
	乙醇	0.12
	丙二醇	1.80
	蒸馏水	3.00
	防腐剂	适量

②制作方法:将甲组原料混合过筛。乙组原料混合均匀,使海藻酸钠、羧甲基纤维素在溶剂中溶解完全。取甲组过筛后的部分粉料与乙组原料等量混合均匀,过筛后再与剩余的甲组粉料等量混合,如此按等量递增法将甲组原料混合完全,使香粉内水分均匀扩散,压制成型,包装即成。

③说明:配方中的石膏具有净肤增白的作用。

(三) 胭脂

胭脂是一种修饰、美化两颊的美容化妆品。它能修改面容、补充血色、增加魅力,使面颊红润美观,赋予明亮感和立体感。通常分为粉状、块状、膏状和乳化状等几种类型。

在现代化妆品中,要求胭脂具有芳香的气味、鲜明的色泽、细软且滑爽的质地,易于涂抹,有一定的遮盖力和附着力。

1. 胭脂的原料

制造粉状胭脂,如胭脂粉、胭脂块等,所用的原料大致和香粉相同,主要有滑石粉、高岭土、锌白粉、钛白粉、碳酸钙、硬脂酸锌、淀粉、黏合剂、防腐剂、颜料和香料等。制造膏乳状胭脂,则用一般的油脂、蜡类、乳化剂、水、颜料和香料等。

制备胭脂块需选用黏合剂,黏合剂的种类主要有水溶性黏合剂、脂肪性黏合剂和乳化型黏合剂三种。

水溶性黏合剂包括天然和合成两类,天然胶质有阿拉伯胶、西黄芪胶和刺梧桐树胶等,合成胶质有甲基纤维素、羧甲基纤维素钠和聚乙烯吡咯烷酮等。无论是天然的还是合成的,黏合剂都需用水作为溶剂,压制成型后胭脂块还需烘干除水,比较麻烦。因此,现在常用脂肪性黏合剂与乳化型黏合剂。

脂肪性黏合剂有白油、脂肪酸酯、液体石蜡、羊毛脂及其衍生物等。这类黏合剂有润滑作用，其用量一般为 0.2%～2%，如用量过多，使用时会生成黑色小油团。

乳化型黏合剂通常是由硬脂酸、三乙醇胺、液体石蜡、水、单硬脂酸甘油酯配合形成的乳化体。采用这种黏合剂能使胭脂粉料中的油脂和水分在压制过程中均匀地分布于粉料中，并可防止由于胭脂中含有脂肪物而出现起小团的现象。

2. 胭脂的制法

粉状胭脂的生产过程，主要包括研磨、配色、加黏合剂与压制成型等工序。膏乳状胭脂是以油脂和颜料作为主要原料调制而成，其生产过程主要包括原料加热、混合、搅拌、加香、灌装等工序。

1）胭脂粉

粉状胭脂是比较原始的胭脂产品。它除了有香粉的功效外，还可保持面颊红润，增进美容功效。使用时，需借助粉扑轻轻扑在面颊上。

（1）配方举例如表 6-5 所示。

表 6-5 胭脂粉的配方

组成	质量分数/(%)
高岭土	8.0
滑石粉	59.5
麦饭石	10.0
碳酸镁	5.0
钛白粉	1.0
硬脂酸锌	16.0
胭脂红	适量
香料	适量

（2）制作方法：将上述原料（除香料外）充分研细，按等量递增法搅拌均匀，过 350 目筛后，加入香料分散均匀，即可包装。

（3）说明：配方中的麦饭石含有多种无机元素和微量元素，具有护肤的功效。

2）胭脂块

胭脂块一般为盒装，是一种携带方便，能够修饰面颊的美容化妆品。

（1）配方举例如表 6-6 所示。

表 6-6 胭脂块的配方

组成	质量分数/(%)
滑石粉	47.5
高岭土	16.0
碳酸钙	4.0
碳酸镁	4.0
锌白粉	5.0
硬脂酸锌	6.0
钛白粉	4.0

续表

组成	质量分数/(%)
米淀粉	4.0
珍珠粉	3.0
色素	6.0
黏合剂	适量
香料	适量

(2) 制作方法:将粉体原料和色素在混料机上搅拌均匀,用喷雾器将香料和黏合剂均匀地喷入,充分混匀后,送进压饼机压缩成型。

(3) 说明:配方中珍珠粉含有多种氨基酸和微量元素,能促进细胞再生,延长细胞的生命,抑制脂褐素的生成。

3) 胭脂膏

胭脂膏是一种润泽、修饰面颊的美容化妆品。它具有油润性好、使用方便等特点,是化妆用的美容佳品。根据配方成分和乳化方式不同,胭脂膏可分为雪花型胭脂膏、冷霜型胭脂膏及透明胭脂膏三种。

(1) 雪花型胭脂膏

①配方举例一如表 6-7 所示。

表 6-7 雪花型胭脂膏的配方

	组成	质量分数/(%)
甲组	硬脂酸	20.6
	蜂蜡	2.0
乙组	氢氧化钾	1.0
	仙鹤草提取物	2.0
	山梨醇	2.0
	丙二醇	8.0
	精制水	58.0
丙组	防腐剂	适量
	香料	适量
丁组	颜料	6.0

②制作方法:将甲组、乙组原料分别混合加热至 75 ℃,将乙组原料徐徐加入甲组原料,不断搅拌,使之充分乳化,继续搅拌冷至 45 ℃时加入丙组原料,得到乳化膏体,取出适量膏体与颜料混合后,再将余下的膏体加入,搅拌均匀,便成雪花型胭脂膏。

③说明:配方中仙鹤草提取物含有红色素,可作为天然红色素使用于胭脂中。

(2) 冷霜型胭脂膏

①配方举例二如表 6-8 所示。

表 6-8 冷霜型胭脂膏的配方

组成	质量分数/(%)
矿脂	30.0
液体石蜡	15.0
单硬脂酸甘油酯	4.0
羊毛脂	2.0
颜料	10.0
甘油	5.0
精制水	约 30.0
茯苓提取物	4.0
防腐剂	适量
香料	适量

②制作方法:将颜料和适量的液体石蜡调成浆状混合物,将其余油溶性物料混合物于 70 ℃熔化(油相),再将水溶性物料溶于水中加热至 72 ℃(水相),然后将水相徐徐加入油相中,不断搅拌,使之充分乳化,约 15 min 后加入事先调好的颜料浆。当温度降至 45 ℃时,加入香料,搅拌,冷至室温后,经研磨机研磨后灌装,即得冷霜型胭脂膏。

③说明:配方中的茯苓提取物能保持皮肤湿润,使皮肤纹理细腻、富有弹性,特别适用于干性皮肤。

(3) 透明胭脂膏

①配方举例三如表 6-9 所示。

表 6-9 透明胭脂膏的配方

组成	质量分数/(%)
聚酰胺树脂(相对分子质量为 8000)	约 20.0
聚酰胺树脂(相对分子质量为 600～800)	5.0
单月桂酸丙二醇酯	约 28.0
蓖麻油	约 12.5
二乙基乙二醇单乙基醚	10.0
聚氧乙烯(5EO)羊毛醇醚	5.0
羊毛醇	约 30.0
无水乙醇	4.0
藁本提取物	适量
D&LC 红	适量
香料	适量

②制作方法:除色素和香料外,将所有原料混合后加热,溶解搅拌均匀后,冷却至略高于凝结温度时,加色素和香料,混合均匀后灌装,即得透明胭脂膏。

③说明:配方中的藁本提取物具有洁面护肤,祛斑美白的功效。D&LC 红为美国药品和化妆品标准红色素。

（三）胭脂的选用

涂抹胭脂最能增添女性的魅力，因为胭脂本身是富有表现力的美容化妆品。胭脂可以塑造出不同的脸型并给人以不同的印象，不同的涂抹方式会产生不同的效果。

胭脂的种类很多，有粉状、块状、膏状等。选用胭脂首先要根据自己皮肤的性质来定，其次要根据自己的年龄、肤色、服饰以及场合的特殊性来定。

对于油性皮肤的人，宜选用胭脂粉、胭脂块，使用时借用粉扑或刷子涂抹；对于干性皮肤的人，宜选用胭脂膏或胭脂霜等，涂后可使面部呈现立体感。

对于肤色白的人，白天宜用浅桃红色，晚上在灯光下用颜色深一些的玫瑰红色；对于肤色深的人，白天用浅橙红色，晚上在灯光下宜用深橙色。

对于年龄小的人，宜选用胭脂粉、胭脂块，且颜色宜淡；对于年龄大的人，宜选用胭脂膏、胭脂霜，且颜色宜浓。

涂抹胭脂时应注意涂抹均匀自然，无界限，不要太多太厚，可根据具体脸型进行取长补短。

第二节　眼用类化妆品

眼用类化妆品是修饰与美化眼部所用的重要美容化妆品。它包括眉笔、眼影膏和睫毛膏等。眼部的化妆是以眼睛为主，眉毛和眼睫毛作为衬托。使用眼影膏，能造成阴影，使眼睛增大，并富有立体感，从而突出眼睛的美。眉毛和眼睫毛的修整与美化，在于使其生动而自然，更具艺术色彩，增强眼睛的魅力。

一、眉笔化妆品

现代眉笔有两种形式：一种是铅笔式，另一种是推管式。推管式眉笔是将笔芯装在细长的金属或塑料管内，使用时将笔芯推出来进行描画。

眉笔的颜色在我国以黑色为主，其次为棕色或深灰色等。眉笔的质量要求软硬适度、色彩自然、描画容易，使用时不断裂，久藏后笔芯表面不起霜、不收缩。

化妆修整眉毛要用眉笔。眉笔颜色的选用，要与头发的颜色相配合。画眉时应先将眉毛刷顺，然后轻笔淡描，仔细画好。

1. 铅笔式眉笔

铅笔式眉笔的主要原料有石蜡、地蜡、矿脂、巴西棕榈蜡、羊毛脂、可可脂和颜料等。其制作方法与铅笔芯相似，是将混有颜料的蜡块在压条机内压制而成。刚压出的笔芯较软，但放置一定时间后会逐渐变硬。笔芯制成后黏合在两块半圆形木条中间，形状和铅笔完全相同。

（1）配方举例见表6-10。

表6-10　铅笔式眉笔的配方

组成	质量分数/(%)
石蜡	30.0
蜂蜡	20.0
巴西棕榈蜡	5.0

续表

组成	质量分数/(%)
矿脂	21.0
羊毛脂	8.0
鲸蜡醇	6.0
乌斯玛草提取物	10.0

(2) 制作方法:将全部油脂和蜡类混合熔化后,加入乌斯玛草提取物,搅拌均匀后,倒入盘内冷凝,切成薄片,经研磨机研轧两次,再经压条机压制成笔芯。

(3) 说明:配方中的乌斯玛草提取物是新疆维吾尔族的姑娘从小就使用的眉用颜料,它不仅可以使眉毛乌黑光亮,而且能促进眉毛的生长。这种方法一直沿用至今。

2. 推管式眉笔

推管式眉笔使用的主要原料有石蜡、蜂蜡、虫蜡、液体石蜡、白油、羊毛脂和颜料等。其制作方法与铅笔式眉笔略有区别。

(1) 配方举例见表 6-11。

表 6-11 推管式眉笔的配方

组成	质量分数/(%)
石蜡	33.0
蜂蜡	18.0
虫蜡	12.0
液体石蜡	10.0
羊毛脂	10.0
白油(18 号)	3.0
颜料	14.0

(2) 制作方法:将颜料和适量的液体石蜡、白油在三辊机里研磨成颜料浆,然后将全部油脂倒入锅内加热熔化,再加入颜料浆搅拌均匀后,浇入模子里制成笔芯。

二、眼影化妆品

眼影膏是涂敷于眼窝周围的上、下眼皮,用来衬托眼睛的美容化妆品。眼影膏通过阴影来塑造人的眼部轮廓,使眼睛增大,炯炯有神,突出其自然美。

眼影膏的外观、包装与唇膏相似,其颜色品种有蓝色、绿色、棕色、灰色或紫色等。眼影的色彩具有丰富的表现力,如使用蓝色眼影膏时,能强调眼睛的存在,给人以稳定的感觉;使用绿色眼影膏时,皮肤显得白净。

眼影膏的选用应注意两个基本标准:首先,眼影膏的颜色应与肤色相协调;其次,眼影膏的颜色还要与衣着颜色相协调。

常用的眼影膏,较自然的颜色有蓝色、绿色、棕色、灰色。棕色和灰色较适合东方人使用,金色、银色、紫色以及其他新奇的颜色适合某些有特殊要求的演员使用。

制作眼影膏的主要原料有白油、凡士林、白蜡、地蜡、巴西棕榈蜡、羊毛脂衍生物和颜料等，制作工艺与膏霜类产品基本相同。

(1) 配方举例如表 6-12 所示。

表 6-12　眼影膏的配方

	组成	质量分数/(%)
甲组	硅酸铝镁	4.3
	精制水	63.2
乙组	丙二醇	1.7
	乙酰化羊毛脂	1.7
	矿物油和羊毛醇	5.1
	凡士林	适量
	白花蛇舌草提取物	5.0
丙组	云母粉和钛白粉	10.5
	防腐剂	适量

(2) 制作方法：将硅酸铝镁慢慢加入水中，不断搅拌至均匀。将乙组原料加入甲组中，并加热到 70 ℃，混合均匀。然后加入丙组原料，混合至原料完全分散。

(3) 说明：配方中的白花蛇舌草提取物含有熊果酸、齐墩果酸等成分，易被皮肤吸收，具有润肤防皱的功效。

三、睫毛化妆品

睫毛膏是修饰、美化睫毛，增加其色泽并促进其生长的膏状美容制品。使用时，用特制的小刷子蘸少许膏体直接涂敷在眼睫毛上。

睫毛膏颜色以黑色、棕色两种为主。一般采用炭黑及氧化铁棕为原料。除膏状产品以外，还有睫毛油等形式。

优质的睫毛化妆品必须具备以下几种性质。

①使用后对眼睛和皮肤无刺激性。如果使用时不慎进入眼中，不会伤害眼睛。

②应有适度的光泽，使用效果应使睫毛看起来深且长。

③膏体应均匀细腻，刷搽容易，用后不使睫毛变硬、结块成堆。

④有适度的干燥性，不怕汗液、泪液或雨水，干燥后不粘眼皮。卸妆时容易抹掉，久用不致太硬。

⑤对睫毛有美化、卷曲效果。

制造睫毛膏的主要原料有硬脂酸、蜂蜡、石蜡、虫蜡、巴西棕榈蜡、羊毛脂、单硬脂酸甘油酯、皂类、无机颜料以及水和防腐剂等。其生产过程主要包括原料的加热熔化、搅拌、乳化、添加颜料、研磨轧制、成型灌装等。

(1) 配方举例如表 6-13 所示。

表 6-13　睫毛膏的配方

组成	质量分数/(%)
硬脂酸	21.0
蜂蜡	10.0

续表

组成	质量分数/(%)
羊毛脂	1.0
单硬脂酸甘油酯	8.0
月桂醇硫酸三乙醇胺	1.5
颜料	9.0
精制水	49.0
防腐剂	适量

(2) 制作方法:将颜料以外的所有成分混合,加热熔化至 90 ℃,并搅拌制成均匀细致的乳化体。然后加入颜料搅拌均匀,再经胶体磨研磨,冷却至室温灌装。

睫毛膏可使眼睛显得更加明亮且富有魅力。涂睫毛膏时,在睫毛上侧轻涂。涂下睫毛时则要将下睫毛托起,从下睫毛根部开始轻轻向外涂。如果想使睫毛呈向外卷曲状,借助睫毛卷曲器能获得良好的效果。

第三节　唇部类化妆品

唇膏,又名口红,古时称为“口脂”或“唇脂”。我国自汉代起已有口红,据史料记载:汉以来口脂释名唇脂,以丹作之,象唇赤也。《外台秘要》中载有“《千金翼》口脂方、《古今录验》合口脂法和《备急》作唇脂法”等口脂方。《备急千金要方》亦有相关记载。

几千年来,唇膏一直在化妆品市场上占重要地位。使用唇膏勾描唇型,不仅可使嘴唇红润美丽,而且可以保护嘴唇不干裂。因此唇膏不仅在舞台、戏剧和电影的化妆中使用,也是女性常用的化妆品。

传统中草药唇膏的药物配伍中,有脂类或含油脂较多的药物如猪脂、杏仁;有健脾清热生津药;有用蜡以润唇,并作为赋形剂;还有芳香类药物,用以调和唇脂的气味。常用中药有猪脂、桃仁、杏仁、麻油、蜂蜜、蜂蜡、沉香、零陵香、甘松、苏合香、丁香、泽兰、麦冬、天冬、细辛、升麻、黄芪、白术等。

一、唇膏的性质

在化妆品中,唇膏与口腔用品极为相似,要求产品安全无毒。制作唇膏选用原料时必须按照我国化妆品卫生管理相关法规的要求,使用法定色素和法定原料。

优质的唇膏应该具备下列各种性质。

(1) 应对皮肤无刺激性,对人体安全无害,无不愉快的气味。

(2) 质地细腻、色泽鲜艳、软硬适度,涂敷方便,附着力强,触唇易熔化。

(3) 不受气候变化的影响,夏天不变形、不起霜、不出汗、不软化,冬天不干不硬、不易渗油、不易断裂。

(4) 抹唇膏后颜色牢固,能维持 5～6 h 不变,并且颜色不沾茶杯、餐具、香烟等。

(5) 放置期间不变质,不失其光泽和怡人气味。

二、唇膏的原料

制造唇膏的主要原料有油脂、蜡类、色素和香料等。其中，油脂、蜡类是唇膏的基体，色素是唇膏中极其重要的成分。

（一）油脂

制造唇膏常使用的油脂有蓖麻油、橄榄油、氢化蓖麻油、氢化棕榈油、单硬脂酸甘油酯、高级脂肪酸酯类、羊毛脂、可可脂、蜂蜡、地蜡、鲸蜡、石蜡、凡士林、巴西棕榈蜡等。

蓖麻油是唇膏中最常用的油脂原料。它的作用主要是赋予唇膏一定的黏度，其次作为曙红酸色素的溶剂，能提高曙红酸色素的溶解度。蓖麻油在配方中的用量不宜超过50%，最好在40%以内，否则在使用时会形成黏厚的油膜。

橄榄油可以用来调节唇膏的硬度和伸展性。少量氢化蓖麻油可保持唇膏的光泽。

氢化棕榈油价格低廉、不易被氧化，使唇膏浇模成型时不易断裂，还能溶解部分曙红酸色素，常代替可可脂用于唇膏。

单硬脂酸甘油酯对曙红酸色素有很好的溶解力，是唇膏配方中的主要原料，具有增强湿润的作用。高级脂肪酸酯类，如硬脂酸丁酯、硬脂酸戊酯、棕榈酸异丙酯、豆蔻酸异丙酯等，对曙红酸色素有较低的溶解性，可适量地代替其他油脂用于唇膏。

可可脂是由可可豆制得的淡黄色植物脂肪，有特殊的香味，入口即化，不觉油腻，不易酸败，主要含有油酸、硬脂酸和棕榈酸的甘油酯。可可脂熔点接近体温，很易在唇上涂敷，可作为优良的润滑剂和光泽剂在唇膏中使用。

巴西棕榈蜡是由巴西棕榈叶制得的植物蜡，为黄绿色至棕色固体，硬而脆，主要含有棕榈酸蜂酯和蜡酸。巴西棕榈蜡的熔点为83 ℃，用于唇膏配方中有利于保持膏体较高的熔点且不致影响其触变性能。

其他一些蜡类原料，如地蜡容易使唇膏熔点提高，塑成锭状。蜂蜡能使唇膏硬度提高。石蜡可使唇膏光泽增加。但这些蜡类都不宜多用。

（二）色素

古时人们曾用红色氧化物或铁红（Fe_2O_3）作为色素制作唇膏涂唇。近代，我国采用由红花提取的红花苷为色素制作唇膏。西欧广泛采用取自昆虫的胭脂红为色素制作唇膏。自1856年，化学家柏琴开发了苯胺紫合成染料后，合成染料逐步取代了天然染料，目前唇膏中所用的色素绝大部分是合成染料。

唇膏用的色素有两类，一类是可溶性的染料，另一类是不溶性的颜料，两者可以混合使用，也可单独使用。

溴酸红是唇膏中常用的可溶性染料，是溴化荧光红一类染料的总称，有二溴荧光素、四溴荧光素（曙红酸色素）、四氯四溴荧光素等。溴酸红染料能溶于油脂，但不溶于水。另外，溴酸红虽能溶解于油脂或蜡类中，但溶解性很差，一般需借助溶剂。溴酸红常用的溶剂有硬脂酸丁酯、癸二酸二乙酯等，最理想的溶剂是乙酸四氢呋喃酯，但它有一些特殊的臭味，不宜多用。

不溶性的颜料是一些极细的固体粉状物质，可经搅拌和研磨后混入油脂、蜡类基体中，这样的唇膏涂敷在口唇上能留下一层艳丽的色彩，且有较好的遮盖力，但附着力不好，所以必须与溴酸红混合使用，才能得到较好的效果。

20世纪60年代，人们合成了具有珍珠光泽的珠光颜料，并加入唇膏中制成了珠光唇膏。

近年来，这种珠光唇膏在国际市场上非常畅销。唇膏色素除了应安全无毒、无副作用外，还应符合食品卫生标准，中草药色素既有染色性又兼有营养性、疗效性，故中草药是理想的色素原料。例如，从紫草根中提取的紫草红(素)，用于唇膏中既赋予其红色，又有很强的抗菌作用和明显的抗炎作用。中草药色素有代表性的主要是醌类成分。

三、唇膏的制法

唇膏的变化很大，种类繁多，如普通唇膏、变色唇膏、透明唇膏和珠光唇膏等。此外，尚有不加色素、只由滋润口唇的油脂蜡类制成的“口白”唇膏。

(一) 普通唇膏

普通唇膏又叫原色唇膏，这是因为将它涂敷口唇后口唇的色泽不变。普通唇膏从色泽上可分为四大基色，即大红、宝红、赭红、玫瑰红。它们与油脂蜡类组成的膏体基本相同，只是所用的色素不同。

(1) 配方举例如表 6-14 所示。

表 6-14 普通唇膏的配方

组成	质量分数/(%)
石蜡	23.0
羊毛脂	10.0
羊毛醇	12.0
凡士林	12.0
氢化动物脂	11.0
蓖麻油	14.0
丁基羟基茴香醚	1.0
色素	10.0
胶原水解蛋白	2.0
金盏花提取物	4.0
香料	1.0

(2) 制作方法：先将前六种原料混合，并加热至 80～90 ℃，使之完全熔化。然后加入丁基羟基茴香醚，过滤均化混合物待用。加热色素、胶原水解蛋白和金盏花提取物的混合物，并在 30 ℃时过滤。此滤液与上述均化混合物混合，然后加入香料。最后浇注入模成型。

(3) 说明：配方中的金盏花提取物对唇部有滋润作用。

(二) 变色唇膏

变色唇膏多为橘黄色或绿色，带有水果香气，涂抹后几秒钟就会变色。如果涂得少且薄，即由橘黄色变为山茶花的红色，给人以富有生气的感觉；如涂得多且厚，又会变为玫瑰红色，给人以稳重的感觉。因此，用同一支唇膏可以取得不同的化妆效果。

变色唇膏又称为双色调唇膏。这种唇膏之所以会变色，是因为唇膏内添加了一种特殊色素，这种特殊色素是曙红酸色素，又名四溴荧光素或四溴荧光黄。曙红酸色素在酸性或中性条件下，呈现本身的橘黄色，但是一遇到碱，即使碱性很微弱也会变成红色。

女性的嘴唇略带碱性，所以涂上含有这种色素的唇膏，就会变换颜色。可能少数人对这种变色唇膏有致光敏性反应，因此过敏性皮肤者应慎用。

变色唇膏的膏体原料与普通唇膏的膏体原料基本相同，但变色唇膏的膏体色泽要浅些，同时还要满足色素变色的酸碱条件，否则不能产生变色效果。

(1) 配方举例如表 6-15 所示。

表 6-15　变色唇膏的配方

组成	质量分数/(%)
蓖麻油	约 44.8
豆蔻酸异丙酯	10.0
羊毛脂	11.0
蜂蜡	9.0
固体石蜡	8.0
巴西棕榈蜡	10.0
钛白粉	4.2
曙红酸色素	3.0
香料	适量
抗氧化剂	适量

(2) 制作方法：将钛白粉和曙红酸色素加入蓖麻油中溶解。将其他成分混合，并加热熔解后，加入上述色素与蓖麻油的混合溶液中，用乳化器使之均匀分散，然后注入模型，急剧冷却成型。取出唇膏后，用酒精灯略将唇膏表面熔化，过火焰使其光亮，即可包装。

四、唇膏的选用

选择和使用唇膏应注意下面几个方面。

要选用高质量的唇膏。一般选用名牌唇膏，因为名牌唇膏在生产时选用的原料、色素符合化妆品相关标准，因而对人体不会有害。

要选用颜色适宜的唇膏。唇膏的颜色虽属红色调，但也有深浅、明暗、鲜艳和柔静的区分。中国人一般多使用暗红、橙红或棕红色的唇膏，以柔静、浅淡为宜。实际选择唇膏时还应注意考虑年龄、服装和肤色的整体协调。

(1) 在年龄方面：年轻人要用明亮的淡红色，中年人宜用暗一点的橘红色唇膏。

(2) 在服装方面：身穿白、黑或红色衣服者宜用辣椒红色唇膏；穿蓝、紫、灰或银色等衣服者宜用玫瑰红色唇膏；穿制服者，则宜用赭红色唇膏，看起来容貌庄重、精神饱满。

(3) 在肤色方面：皮肤较白者可用桃红、橙红或赭红色唇膏；皮肤稍黑者适宜用深橙色或深赭红色唇膏。

唇膏要涂抹均匀，切忌涂出唇外，两唇相合磨碾，才能熨帖自然，使嘴唇看起来更具魅力。

在涂抹唇膏之前，要检查嘴唇上有无伤处，如有唇皮脱落或裂缝等不宜使用有色唇膏。

第四节　美甲类化妆品

指甲是上皮细胞角质化后重叠堆积而成的一种半透明状的硬板，由以胱氨酸为主要成分的角蛋白构成，可以保护手指尖。健康人的指甲具有樱桃般美丽的桃红色，光泽悠然动人。如果想要保持指甲的健美，使指甲坚韧、滋润、丰满，不仅要给予足够的蛋白质以及丰富的营养素，而且要适量地使用美化指甲的化妆品。指甲化妆品的种类主要有指甲油、指甲膏和指甲油清除剂等。

一、指甲油的性质

指甲油是用来修饰指甲，增加指甲美观的化妆品。

目前，我国生产的指甲油有红色、绿色、黑色和黄色等 20 多种颜色，其中以红色或淡红色为主。

优质的指甲油必须具备以下性质。

(1) 指甲油应具有一定的黏度，以便能顺利地涂布在指甲上。

(2) 指甲油的颜色应均匀，能够保持特定的色调和光泽。

(3) 涂到指甲上后，能够干燥成膜，且膜上无气孔，也没有模糊感。

(4) 指甲油涂上后要有牢固的附着力，不易剥落，并且不容易被蹭掉。

(5) 用指甲油清除剂易除去，而且除得干净。

(6) 不损伤指甲，且安全无毒。

二、指甲油的原料

制造指甲油的主要原料有薄膜形成剂、树脂、溶剂和颜料等。

(一) 薄膜形成剂

能在指甲上形成薄膜的物质有硝化纤维素、乙酸纤维素、乙基纤维素、聚乙烯化合物及丙烯酸甲酯聚合物等。最常用的薄膜形成剂是硝化纤维素，亦称硝氏棉。硝化纤维素在黏度、附着力、耐磨性和耐水性等方面的性能均比较优良，使用它可以得到较理想的薄膜。一般选择含氮量在 12.5%以下的硝化纤维素较好。硝化纤维素是极易燃易爆的危险品，使用时要严格按其规程操作，必须注意不要接近火源。

(二) 树脂

树脂是指甲油成分中不可缺少的原料。单用硝化纤维素，产品的光泽和附着力还不十分理想，因此要加入适量的树脂以改善产品的亮度和附着力。

常用的天然树脂有虫胶、达玛树脂等，合成树脂有醇酸树脂、丙烯酸树脂、氨基树脂、聚乙烯乙酸树脂和三聚氰胺树脂等。其中，醇酸树脂、丙烯酸树脂与硝化纤维素混合使用时，能形成光泽鲜艳、附着力及抗水性较好的薄膜。

(三) 增塑剂

为了使产品产生的涂膜柔软，不易收缩变脆，在指甲油中还要添加增塑剂。指甲油中常用的增塑剂有樟脑、蓖麻油、苯甲酸苄酯、磷酸三丁酯、磷酸三甲苯酯、邻苯二甲酸二辛酯、柠檬酸三乙酯等。

增塑剂应与硝化纤维素、树脂、溶剂有较好的相溶性，且无臭、无毒、挥发性较小等。比较理想的增塑剂是樟脑和柠檬酸酯类物质。

(四) 溶剂

溶剂主要是用来溶解硝化纤维素、树脂、增塑剂等原料的。溶剂的挥发性能的好坏，对产品的干燥固化速度的快慢和流动性的好坏有直接影响。溶剂挥发太快，在使用时残留印迹，难以涂匀，容易产生条纹，有损涂层外观。溶剂挥发太慢，使用时干燥时间太长，成膜太薄，容易产生模糊感。然而，要想选择挥发性适中的单一溶剂是比较困难的，因此，在生产中一般使用混合溶剂。混合溶剂包括真溶剂、助溶剂和稀释剂。

(1) 真溶剂主要是一些酮类物质和酯类物质，它能单独溶解硝化纤维素，能赋予产品较好的黏度、快干性、流动性，并抑制模糊感，如丙酮、丁酮、乙酸乙酯、乙酸丁酯等。

(2) 助溶剂主要是醇类物质，能协助真溶剂溶解硝化纤维素，并能改善指甲油的黏度和流动性，如乙醇、丁醇等。

(3) 稀释剂单独使用时对硝化纤维素没有溶解能力，它与真溶剂配合使用能增大对树脂的溶解能力，并能调节产品的使用性能，如甲苯、二甲苯等。

(五) 颜料

颜料可以赋予指甲油鲜艳的色彩和起不透明的作用。一般采用不溶性的颜料和色素，如立索红等。在不透明的指甲油中一般采用盐基染料。产品中若使用适量的珠光颜料，可使指甲油产生美丽的珍珠光泽效果。

三、指甲油的制法

指甲油的制作过程主要包括配料、调色、混合、搅拌和包装等工序。指甲油是极易引起燃烧的产品，在原料储藏和生产过程中都必须采取防爆和防火的有效措施，所有的电气设备都应该有防爆装置，原料硝化纤维素应用乙醇湿润保存，原料和成品应远离车间，车间和仓库都应有自动喷水装置和二氧化碳灭火器等灭火装置。

1. 配方一

(1) 配方举例如表 6-16 所示。

表 6-16 指甲油的配方一

组成	质量分数/(%)
丙烯酸树脂	13.7
精制水	74.5
氢氧化铵(28%)	1.1
仙鹤草红	9.1
丙二酸	1.0
抗泡剂	适量
防腐剂	适量

(2) 制作方法：按上表组成顺序混合，搅拌均匀，便可得到一种性能良好的指甲油。这种指甲油不易脱落，但是用肥皂和水能迅速洗掉。

(3) 说明：配方中的仙鹤草红是从仙鹤草中提取出来的天然色素。

2. 配方二

(1) 配方举例如表 6-17 所示。

表 6-17 指甲油的配方二

	组成	质量分数/(%)
甲组	硝化纤维素	14.0
	丙烯酸树脂	6.0
乙组	甲苯	34.5
	乙酸丁酯	25.0
	邻苯二甲酸丁酯	7.0
	磷酸三甲苯酯	3.0
丙组	骨胶原水解物	6.0
	紫草红	4.0
	防腐剂	适量

(2) 制作方法:将甲组组分溶解于乙组混合溶剂中,搅拌均匀。然后,将丙组原料加入上述混合物中,搅匀即可。此种指甲油不易被肥皂和水洗去。

(3) 说明:配方中的紫草红是从紫草根中提取出来的天然色素。

四、指甲油清除剂

指甲油涂敷在指甲上一段时间后,需要清除。一般来说,指甲油是不易被肥皂和水洗去的,必须用指甲油清除剂。

指甲油清除剂实际上是一些能溶解硝化纤维素和树脂的溶剂,但在溶解、清除指甲油的同时,也会除掉指甲上必需的脂质。因此,指甲油清除剂中常加入脂肪酸酯或羊毛脂衍生物等脂肪物质。

1. 配方一

(1) 配方举例如表 6-18 所示。

表 6-18 指甲油清除剂的配方一

组成	质量分数/(%)
羊毛脂油	0.5
乙酸丁酯	43.0
丙酮	43.0
乙醇	10.0
精制水	3.0
香料	适量

(2) 制作方法:在搅拌下,将羊毛脂油加到乙酸丁酯和丙酮中,然后再加乙醇、精制水和香料,搅拌。

2. 配方二

(1) 配方举例如表 6-19 所示。

表 6-19　指甲油清除剂的配方二

组成	质量分数/(%)
甲基溶纤剂	94.0
乙二酸二异丙酯	2.5
羊毛脂	2.5
香料	1.0

(2) 制作方法:混合所有组分,搅匀、过滤,然后灌装。

指甲油清除剂的配方中,配方一为有丙酮配方,配方二为无丙酮配方。目前,无丙酮配方的指甲油清除剂被国内外普遍采用,因为其对指甲无脱脂作用,并能降低起火的危险。

五、指甲油的选用

在社会交往中,手与人、物的接触十分频繁。手的化妆十分重要,而手的化妆重点是指甲。

指甲油颜色的选择,应该注意与唇色、胭脂色、发色以及服饰颜色协调。另外,指甲油颜色的选择还要考虑手形和手指的长短等。一般来说,深色的指甲油会使手显得细嫩秀丽、使手指显短些,故手大者或手指纤长者宜用较深颜色的指甲油;浅色或中间色的指甲油可使人的指甲显得大些,故手较小者或手指粗短者宜用中间色或浅色。综合来看,中国人用深红色、红色或浅红色指甲油为宜。

在涂敷指甲油之前,首先要修剪指甲,修剪后要先涂上一层保护基,这种保护基可以用化妆水来代替。然后摇动指甲油,用小刷子蘸取少许,涂抹在指甲上,且应先抹匀周边,再填满中心,这样可以使颜色均匀、不起斑驳。如果觉得色彩淡薄,可干后再涂一层。一般涂敷两次后就能达到满意的色度了,若涂敷次数太多,会干得太慢,也容易斑驳或脱落,不易达到满意的效果。

第七章　功效类化妆品

第一节　美白祛斑类化妆品

一、皮肤颜色和色斑的形成机制及影响因素

（一）优黑素的形成

优黑素呈黑色或褐色，以酪氨酸为底物，在有氧条件下受酪氨酸酶的催化进行羟化，生成多巴进而氧化成多巴醌。多巴醌重排而成为无色多巴色素，无色多巴色素立即氧化生成红色多巴色素。

（二）脱黑素的形成

脱黑素呈红色或黄色，多巴醌自发地与半胱氨酸或谷胱甘肽结合。与半胱氨酸结合时，生成5-S-半胱氨酰多巴和2-S-半胱氨酰多巴；与谷胱甘肽结合生成谷胱甘肽多巴，在γ-谷氨酰转移酶催化下转化为5-S-半胱氨酰多巴。转化之后则进行自发反应。经氧化，产生分子内环化反应，生成二氢苯并噻嗪衍生物，再相互氧化结合，形成脱黑素聚合体。黑素的形成主要是由黑素细胞内的酪氨酸酶（TYR）、多巴色素异构酶（TRP-2）、二羟基吲哚羧酸氧化酶（TRP-1）等单独或协同作用的结果。其中酪氨酸酶是最重要的黑素形成限速酶，该酶活性大小决定了黑素形成量的多少。

（三）影响因素

(1) 遗传因素。由基因控制酪氨酸酶等的表达量和活性，进而决定一个人的基本肤色。

(2) 激素调节。促黑素（MSH）、促肾上腺皮质激素（ACTH）、甲状腺激素、雌激素对黑素形成有促进作用。其中促黑素（MSH）可刺激黑素细胞分裂增殖，增加酪氨酸酶等的表达量和提高其活性，对黑素形成起重要调控作用。

(3) 细胞因子。碱性成纤维细胞生长因子（bFGF）、内皮素（ET）、神经细胞生长因子等可促进黑素形成，白细胞介素-1a、白细胞介素-6可抑制黑素形成。

(4) 角质细胞对黑素细胞的调控作用。角质细胞（KC）对黑素细胞有重要的调控作用，主要影响黑素细胞的数量、树突形成等。KC能分泌ET、bFGF等细胞因子，细胞因子ET及bFGF能促进黑素细胞的增殖，促进黑素形成。

(5) 微量元素。在黑素代谢中起促酶作用，其中以铜离子和锌离子较为重要，酪氨酸酶是结合铜离子的金属酶，只有铜离子存在才有活性，若铜离子缺乏会使黑素产生减少。某些

金属(如砷、铋、银、金等)引起的皮肤色素沉着,可能是通过与巯基结合,使酪氨酸酶的活性增强所致。

(6) 紫外线。紫外线能刺激角质细胞分泌内皮素,促进黑素细胞增殖,激活酪氨酸酶,还能直接减少巯基含量,解除巯基与酪氨酸酶竞争结合的铜离子,提高酶氨酸酶的活性,从而显著促进黑素的形成。

(7) 其他因素。精神压力大、偏食、睡眠不足等会促进黑素形成。内分泌失调的影响,精神压力、药物等引起内分泌失调会导致激素分泌异常。例如,雌激素能刺激黑素细胞分泌黑素体,且孕激素能促使其转运扩散,两者的联合作用可使孕妇皮肤色素增加。

二、美白祛斑类化妆品的活性成分及作用机制

(一) 抑制黑素细胞内黑素的形成

直接抑制黑素生成过程中各种酶的活性,是现代美白剂最主要的作用机制。

1. 抑制酪氨酸酶

在黑素形成过程中,酪氨酸酶是主要的限速酶。此类酶抑制剂可分为两类:一类是酪氨酸酶的破坏型抑制剂(破坏酪氨酸酶的活性部位),可直接对酪氨酸酶进行修饰、改性,抑制酪氨酸酶的糖化、加速酪氨酸酶的分解;另一类是非破坏型抑制剂,可抑制酪氨酸酶的生物合成或取代酪氨酸酶的作用底物。

2. 抑制多巴色素异构酶

多巴色素异构酶(TRP-2)的作用是使底物生成其同分异构体,最终生成真黑素,故可以抑制该酶,从而影响黑素的形成。

(二) 影响黑素细胞的存活和生长

选择性破坏黑素细胞,抑制黑素细胞的生成以及改变其结构是抑制黑素形成的又一途径。不同作用物质破坏黑素细胞的机制各有不相同。

(三) 还原已合成的黑素或抑制多巴的自身氧化

还原剂可以抑制黑素形成的氧化过程,还原酪氨酸氧化过程形成的中间体。

(四) 干扰、控制黑素的代谢途径

1. 抑制黑素颗粒转移至角质细胞

如烟酰胺可以抑制黑素颗粒通过轴突向角质细胞转移,从而减少表皮中的黑素。

2. 加速角质细胞中黑素的角质层转移及角质层脱落

果酸、水杨酸等可以促进角质细胞的代谢,加速角质细胞中黑素向角质层转移并加快角质层脱落,从而有美白的作用。

(五) 减少外源性因素对黑素形成的影响

1. 紫外线的保护

由于黑素形成的外源性因素主要是紫外线,因此对紫外线的防护是美白的重点。

2. 减少自由基的产生

自由基可以促进黑素的产生,故减少或清除自由基有美白的作用。

第二节 祛痤类化妆品

一、痤疮形成的机制

痤疮发病原因比较复杂，很多因素都参与了痤疮的发病，其中内分泌因素、毛囊皮脂腺导管的异常角化、微生物感染及炎性介质、环境因素、心理因素、遗传因素等在痤疮的发病中起重要作用。

1. 雄激素代谢失调

雄激素是皮脂腺功能活动的促进因子，人毛囊、皮脂腺单位存在雌激素和雄激素表达受体。雄激素可刺激皮脂腺，使其肥大，皮脂分泌增多，毛囊皮脂腺导管发生角化。过度角化的毛囊壁肥厚，使皮脂排泄受阻，毛囊壁上脱落的上皮细胞增多与皮脂混合堵在毛囊口内形成粉刺，暴露在毛囊口外的皮脂，经过空气的氧化作用，形成黑头粉刺。雄激素、雄激素受体水平高，或雄激素与雌激素受体之间的比例失调，或雄激素受体敏感性增加，均可导致痤疮。青春期雄激素水平相对较高，痤疮发生较重。男性分泌的性激素主要是雄激素，所以男性发病症状比女性严重。

2. 毛囊皮脂腺导管角化异常

毛囊皮脂腺导管角质层增厚且富有黏性，角质细胞堆积，致密的角质栓堵住毛囊开口，即成微粉刺。微粉刺在表皮下逐渐发展成肉眼可见的痤疮皮疹大约需 8 周，初始导管圆锥化形成，随后毛囊扩张，充满角质细胞、皮脂及痤疮丙酸杆菌。开放性黑头是由毛囊扩张所致，再加上细菌的感染等因素逐渐演变为丘疹、脓疱、结节、囊肿等炎性改变。

3. 免疫失调

在痤疮的发病机制中皮肤免疫系统发挥着重要的作用，主要表现为诱导和维持痤疮的炎性皮损和非炎性皮损，如粉刺的形成。在这个过程中体液免疫和细胞免疫共同参与。痤疮的炎症是痤疮丙酸杆菌与环境及痤疮丙酸杆菌与机体免疫应答相互作用的结果。

4. 微生物感染及炎性介质

（1）痤疮丙酸杆菌：一种革兰染色阳性的厌氧短杆菌，在细胞内寄生，属于皮肤的正常菌群，一般寄居在皮肤的毛囊及皮脂腺中。随着青少年的发育成熟，皮脂腺分泌功能也明显增强，毛囊口出现角栓，因皮脂含有较多脂肪酸等成分，适合痤疮丙酸杆菌的生长及繁殖。因此青春期痤疮发病更重。

（2）葡萄球菌属：大量研究认为，葡萄球菌属是仅次于痤疮丙酸杆菌在痤疮皮损中检出的与痤疮发病相关的第二大菌属，从第一阶段无炎症的黑头粉刺到其后严重的脓疱、结节等，都可同时查到这两种特征性的细菌。

（3）马拉色菌属：马拉色菌为寄生于人体正常皮肤表面的嗜脂性酵母。此酵母在成人躯干上部、面部及头皮的分布密度最高，该菌可引起花斑癣、毛囊炎，并与脂溢性皮炎、寻常型痤疮、变应性皮炎、银屑病等皮肤病发病相关。

（4）毛囊虫：又称毛囊螨，也就是螨虫，寄生在人的毛囊及皮脂腺中，常寄居在面部，特别是鼻颊、额等处，由于虫体不断繁殖增多，取食皮脂腺、角质蛋白等，刺激宿主，加上虫体的代谢产物，引起局部炎性反应继发细菌感染，导致皮肤出现炎症，加重粉刺。

5. 遗传因素

很多基因参与了痤疮的发病，具有痤疮遗传背景，尤其是父母一方或双方有痤疮病史的儿童，其青春期患痤疮的可能性增大。父母双方均有痤疮病史的痤疮患者常表现为严重型痤疮，且对大多数治疗痤疮的药物有抗药性，遗传因素确实影响着痤疮的发生。

6. 心理因素

痤疮的发生和心理、精神因素是互相影响、互为因果的关系。心理障碍的产生同时也影响机体内分泌系统的功能，从而加重痤疮皮损的形成。

7. 环境因素

外界因素可以诱发或加重青春期后痤疮。

二、祛痤疮的常用药物

常用药物主要有维 A 酸类药物，是一类天然存在或人工合成的具有维生素 A 活性的视黄醇衍生物。按其发展过程和化学结构可分为第一代非芳香维 A 酸类，以全反式维 A 酸和异维 A 酸为代表，第二代单芳香族维 A 酸，以及第三代多芳香族维 A 酸。

1. 全反式维 A 酸

全反式维 A 酸又称维甲酸，为黄色结晶，不溶于水，可溶于乙醇。全反式维 A 酸可抑制皮脂腺分泌，使腺体缩小，并且降低皮脂分泌率，还可逆转异常的角化，减弱痤疮粉刺在角质层的黏聚力，使痤疮粉刺松动后自然排出，或随着炎症变化及脓疱形成后流出。

2. 异维 A 酸

异维 A 酸能改善异常的皮脂腺导管角化并有抗炎作用，0.05%凝胶适用于轻度炎性及非炎性痤疮。安全，刺激性小于维 A 酸。异维 A 酸可作为药物但禁止用于化妆品中。

3. 阿达帕林

阿达帕林是一种维甲酸类化合物。阿达帕林可抗毛囊导管异常角化、抑制中性粒细胞的趋化性和花生四烯酸等炎性介质的释放，有明显的溶粉刺和抗炎作用。阿达帕林为外用制剂，在耐受性和安全性上优于异维 A 酸。

4. 他扎罗汀

他扎罗汀又称乙炔维 A 酸，为第三代多芳香族维 A 酸，也是第一个根据受体选择性研制的第三代维 A 酸类药物，具有明显的抗增殖和调节细胞分化的作用，对炎性和非炎性损害有较好的疗效作用。

第三节　防晒类化妆品

一、紫外线对皮肤的影响

1. 紫外线的来源

太阳光中的紫外线是地球表面紫外线的最主要来源。

2. 紫外线分段及其作用特点

紫外线是位于日光高能区的不可见光线。依据紫外线自身波长的不同，可将紫外线为三个区域，即短波紫外线、中波紫外线和长波紫外线（图 7-1）。短波紫外线（UVC），是波长为

200～280 nm 的紫外线。短波紫外线在经过地球表面同温层时被臭氧层吸收，不能到达地球表面，对人体不会产生作用。中波紫外线(UVB)，是波长为 280～320 nm 的紫外线。中波紫外线对人体皮肤有一定的生理作用。此类紫外线的极大部分被皮肤表皮吸收，不能渗入皮肤内部。但其由于阶能较高，对皮肤可产生强烈的光损伤。被照射部位真皮血管扩张，皮肤可出现红肿、水疱等症状。长久照射，皮肤会出现红斑、炎症，皮肤老化，严重者可引起皮肤癌。中波紫外线又被称为紫外线的晒伤(红)段，是应重点防护的紫外线波段。

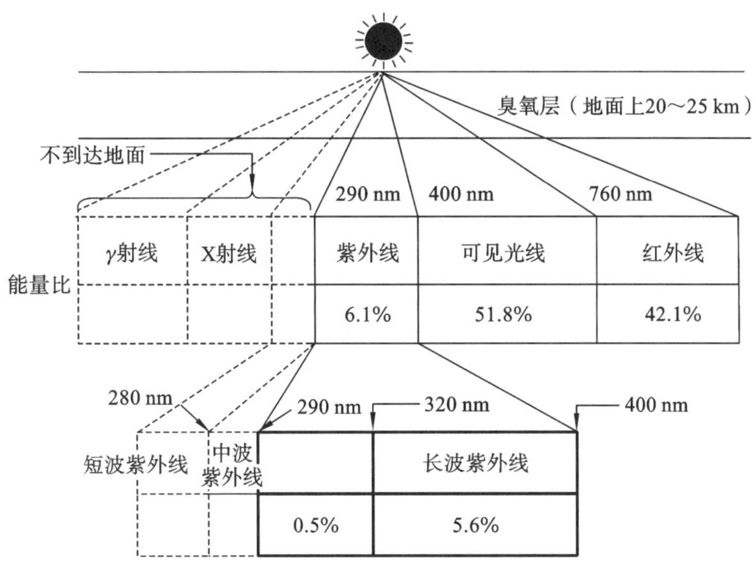

图 7-1 紫外线示意图

长波紫外线(UVA)，是波长为 320～400 nm 的紫外线。长波紫外线对衣物和人体皮肤的穿透性远比中波紫外线要强，可达到真皮深处，并可对表皮部位的黑素起作用，从而引起皮肤黑素沉着，使皮肤变黑。因而长波紫外线也被称为紫外线的晒黑段。长波紫外线虽不会引起皮肤急性炎症，对皮肤的作用缓慢，但可长期积累，是导致皮肤老化和严重损害的原因之一。由此可见，防止紫外线照射给人体造成的皮肤伤害，主要是防止中波紫外线的照射。

防止长波紫外线照射，则是为了避免皮肤晒黑。在欧美，人们认为皮肤黝黑是健美的象征，故不考虑对长波紫外线的防护。近年来由于认识到长波紫外线对人体产生长期的严重损害，所以人们开始加强对长波紫外线的防护。如若想拥有白皙亮洁的皮肤，对长波紫外线的防护是必不可少的。

二、防晒类化妆品的活性成分及作用机制

凡是能阻挡紫外线或吸收紫外线的物质，都可以阻止或减轻紫外线对皮肤的损伤，此类防晒剂分为紫外线吸收剂和紫外线屏蔽剂。

紫外线吸收剂的作用机制是基于其分子内氢键，由苯环上的羟基氢和相邻的羰基氧之间形成的分子内氢键构成一个螯合环。

三、防晒系数

1. 防晒系数(SPF)

防晒系数(SPF)也称日光防护系数，引起被防晒类化妆品防护的皮肤产生红斑所需的最

小紫外线照射剂量(MED)与未被防护的皮肤产生红斑所需的 MED 之比，为该防晒化妆品的 SPF。计算公式为

$$防晒系数(SPF)=\frac{使用防晒化妆品防护皮肤的 MED}{未防护皮肤的 MED}$$

SPF 是防晒化妆品保护皮肤避免发生日晒红斑的一种指标，是最常用的 UVB 防护效果评价指标。其中，MED 是引起皮肤红斑的最小紫外线照射剂量，其范围为到照射点边缘所需要的紫外线照射最低剂量或最短时间。

第四节　脱毛类化妆品

一、脱毛类化妆品的活性成分及作用机制

脱毛类化妆品是指利用化学作用使腋下、腿上或其他部位长的毛发在较短的时间内软化、脱除的产品。其基质原料是化学脱毛剂，如硫化锶、硫化钙、硫代乙醇酸钙等。脱毛类化妆品的种类有糊状、膏乳状等多种形态。

(一) 脱毛类化妆品的性质

脱毛类化妆品是从毛孔脱除毛发，脱毛后皮肤光滑，有舒适的感觉，而且毛发长得很慢，与剃刀刮除毛发相比有更多的优点。

优质的脱毛类化妆品必须具备以下几点特性。

(1) 产品应对皮肤作用缓和，无刺激性、无毒性，对人体健康无影响。

(2) 应选择较好的香料掩盖脱毛剂的臭味，使产品低臭或无臭。

(3) 产品应具有较好的化学稳定性。

(4) 脱毛类化妆品一般涂敷 5～8 min，即可脱除毛发。

(二) 化学脱毛剂

化学脱毛剂可分为无机脱毛剂和有机脱毛剂两大类。其中有机脱毛剂优于无机脱毛剂。

1. 无机脱毛剂

主要是指含有碱金属和碱土金属硫化物等物质的脱毛剂。

(1) 硫化钠(Na_2S)、硫化钾(K_2S)：脱毛力最强，价廉，但用后皮肤容易变粗。

(2) 硫化钙(CaS)：脱毛力较强，对皮肤无刺激，但其在水中的溶解度较低。

(3) 硫化锶(SrS)：脱毛力比硫化钙强，刺激性比硫化钠小，且色调接近白色，是较理想的脱毛类化妆品的原料。硫化锶的脱毛最佳 pH 值是 9.1～12.5。因此，在实际使用时常加入氢氧化锶或其他碱，以调节其 pH 值。

(4) 硫化钡(BaS)：一种制作糊状脱毛剂的重要原料。如硫化钡、滑石粉、可溶性淀粉和适量的阳离子表面活性剂等，用水调制成糊状脱毛剂，涂敷于需脱毛的部位 4～8 min 便可出现效果。

上述硫化物单独使用或混合使用时均有较好的脱毛效果，最大的缺点是有些令人不快的臭味。

2. 有机脱毛剂

1938 年，新西兰的 Karel Bohemen 发现硫代乙醇酸钙具有和硫化物同样的脱毛作用，并

获得了专利。这种有机脱毛剂与无机脱毛剂相比，几乎无臭，赋香容易，对皮肤的刺激缓和，是比较理想的化学脱毛剂。

硫代乙醇酸钙是白色结晶粉末，稍有硫化物的臭味。常温下，它在水中的溶解度为 7%，水溶液的 pH 值约为 11。在实际使用时通常添加一些游离石灰，硫代乙醇酸钙的 pH 值则被调到 12 左右，以保证将毛发切断。在硫代乙醇酸盐中，具有脱毛作用的除钙盐以外，还有锂盐、钠盐、镁盐和锶盐等。单独使用或混合使用这些盐类都有较好的脱毛效果。硫代乙醇酸盐也可用作冷烫液的主剂，pH 值为 9.5 以下时可用于烫发，此时只破坏毛发中的二硫键。当 pH 值为 10～13 时才能切断毛发，作为脱毛剂使用。在使用这些盐类作为脱毛剂的基质原料时，为了提高脱毛效果，往往还加入尿素或胍盐之类的有机物使毛发蛋白质溶胀变软，以缩短脱毛时间。

二、脱毛类化妆品的使用方法及注意事项

脱毛类化妆品的碱性较强，易损伤皮肤，制造和使用时应十分注意。使用时将其涂敷于需脱毛的部位，为提高脱毛效果应涂得厚一些。一般来说，涂敷 4～8 min 即可出现脱毛效果，脱去的毛发呈螺旋状，可用湿布或海绵擦去。脱毛后要用肥皂清洗，再用酸性化妆水中和，或等完全干燥后擦些滑石粉。脱毛后皮肤上的油脂已基本被除去，应擦适量的乳液或膏霜以补充油分。

第五节　防脱、生发类化妆品

一、脱发的机制及影响因素

引起脱发的原因有多种，如遗传、疾病（内分泌失调等）、药物、精神、心理、年龄及环境、季节等。生理上引起脱发的直接原因有以下几点。

（一）毛囊、毛球的新陈代谢功能低下

头发是因毛根部的毛母细胞的分裂、增殖、分化而不断生长的，毛母细胞则由毛乳头中的毛细血管供给必要的各种营养物质，如果毛囊、毛乳头部位的供血不足，会引起脱发。

（二）头皮部位受到细菌感染

由于皮脂的过度分泌，加上头屑大量堆积，经细菌繁殖分解，分解产生的毒素刺激头皮产生炎症（所谓秕糠症），引起脂溢性秕糠性脱发。

（三）雄激素分泌旺盛

如果雄激素分泌旺盛，皮脂分泌过度，可使毛囊口角化过度（另精神刺激也可使毛囊口收缩），这些因素都会导致毛囊口阻塞，输送营养困难，致使毛囊萎缩而引起脱发。这就是脱发症男性多于女性的原因。

生发剂即是针对以上各种原因，采用能促进血液循环、抗菌、消炎、抗雄激素等的活性物质作为原料来防止脱发的。中医对防止脱发和育发有着丰富的理论和宝贵的实践经验，中医认为“发为血之余”“血瘀则发枯”，因此采用活血化瘀、补肝肾、益气血的中草药，可以改善血液微循环，增强发根的营养供给，以内服与外治相结合的方法来防治脱发和育发。

二、防脱、生发类化妆品的活性成分及作用机制

目前，防脱发、生发的有效成分主要有以下几种。

1. 生化有效成分

由高科技生物工程技术制得的多种细胞生长因子，如一种由多种生长因子复合组成的修复因子 FCP，将其添加于生发类化妆品中，可促进表皮角化细胞的繁殖，增强其活性。

2. 化学合成有效成分

属于可防脱发的药物和化合物的有奎宁、樟脑、泛醇、ex-生物素，维生素 B_6 和维生素 E 衍生物、烟酸苄酯等。

3. 天然植物及中草药有效成分

目前，我国开发出的具有防脱发和生发有效成分的植物很多，如人参、苦参、何首乌、当归、红花、侧柏叶、葡萄籽油、啤酒花、辣椒酊、积雪草、墨旱莲、女贞子、熟地、生姜、黄芩、银杏、川芎、赤芍、蔓荆子、牛蒡子、瓜蒌、泽泻、枸杞子、黄精、山椒、芦荟、羌活等。

第八章　牙用类化妆品

中草药牙用类化妆品是指利用中草药原料制成的具有清洁牙齿、清洁口腔、防牙龋齿或治疗牙龈疾病等功能的化妆品，包括牙粉、牙膏和漱口液等。目前应用最广的是牙膏。

历代关于洁齿、健齿、防龋的方剂颇多。《太平圣惠方》中记载的揩齿方，用盐四两，杏仁一两，将盐烧过，杏仁烫浸去皮尖，二药捣烂如泥，研成膏，每天用来刷牙，治齿黄黑，令白净，甚佳。《御药院方》中记载的仙方地黄散，用猪牙皂角、干生姜、升麻、槐角子、生干地黄、木律、华细辛、墨旱莲、香白芷、干荷叶各二两，青盐一两。将药物锉碎，在锅内煅烧至有青烟，存性为度，过筛，另研青盐末和匀。每天蘸药刷牙，治牙齿黄色不白。常用此药，令牙齿莹白，涤除腐气，牙齿坚牢、龈槽固密，黑髭须。《普济方》中记载的玉池散，用升麻、藁本、甘松、兰草、香白芷、川芎各一两，细辛、青盐、生地、地骨皮各二两，皂角三挺，麝香少许，将药物研为细末，研匀。每日早晚揩牙，治牙齿垢腻不洁净。《景岳全书》中记载的御前白牙散，用石膏四两，大香附一两，白芷七钱半，甘松、山柰、藿香、沉香、川芎、零陵香各三钱半，细辛、防风各半两。将石膏另研，余药同研，为细末，和匀。每天早晚擦牙，用后白牙洁齿。《御药院方》中记载的沉香散，方中沉香、白檀、苦楝子、母丁香、细辛、酸石榴皮、当归、诃子皮、香附、青盐、荷叶灰、青黛、乳香、龙脑、麝香等分，研为细末，每用半钱，温水刷漱，早晚二次，则可坚固牙齿。此外，《必用之书》载有一个金代皇帝洁齿的宫廷秘方——金主牙药，方用真胆矾、金胆矾、腻滑石各一两，各自研成细末，砂仁、川芎、华细辛各二钱半，好茶叶三钱，共研为细末，混匀，过筛备用，每日早晚用药末刷牙，刷后稍等片刻漱口。然而，鉴于当时落后的生产技术，中草药往往只能做成牙粉或糊状来揩齿。随着科学技术的发展，中草药提取物已加入牙用类化妆品中，制成大量的中草药牙膏，如车前草洁齿牙膏、薄荷爽口牙膏等，以满足人民生活的需要。

中医历来重视牙齿的养护，尤其在洁齿香口和防龋健齿方面积累了丰富的经验。中草药中白芷、细辛、薄荷、藿香、石膏、桑白皮、香附、山柰和珍珠等有洁齿香口功效；刺蒺藜、沉香、丁香、茯苓、天冬、墨旱莲、桑寄生和地黄等有防龋健齿疗效。

第一节　牙齿的结构与生理功能

牙齿是人类身体最坚硬的器官。一般而言，牙齿呈白色（正常人略带微黄色），质地坚硬。牙齿的各种形状适用于多种用途，包括撕裂、磨碎食物。牙齿是动物天生的自卫武器。人类语言发音与口中前排上下的牙齿（门牙）密切相关，古汉族标准语称为“雅言”。牙齿的整洁甚至关系到社交活动和地位。

古往今来，人们以洁白健美的牙齿作为选美的标准之一。我国唐代诗人杜甫曾用“明眸皓齿”来形容绝代佳人。可见牙齿对于人的容貌是何等重要。

一、牙齿的结构

牙齿分为牙冠、牙颈和牙根三个部分。牙冠是牙齿显露在口腔的部分,也是发挥咀嚼功能的主要部分;牙根是牙齿固定在牙槽窝内的部分,也是牙齿的支持部分,其形态与数目随着功能的不同而有所不同。功能较弱且单纯的牙齿多为单根;功能较强且复杂的牙齿,牙冠外形也比较复杂,其牙根多分叉为两个或两个以上,以增强牙齿在颌骨内的稳固性;牙冠和牙根相交的部分称为牙颈(图 8-1)。

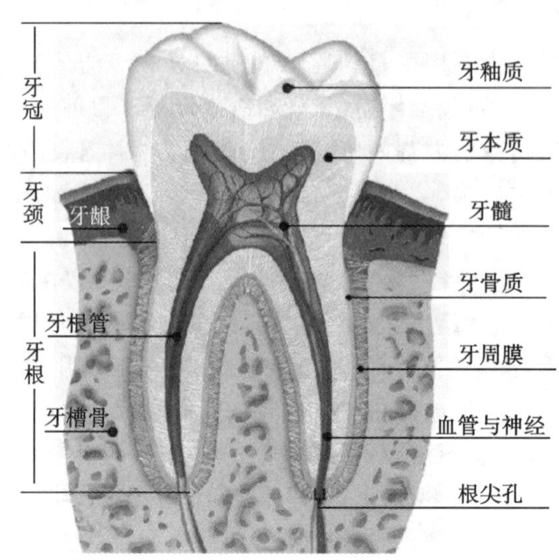

图 8-1 牙齿的结构

牙冠外层是牙釉质,在牙冠部的表面,是人体内最坚硬的组织,破坏后不能再生。

牙釉质位于牙冠表层,包裹在牙冠的外面,2～2.5 mm 厚,呈乳白色、半透明状,有光泽,质坚且脆。主要由无机物构成,其中有羟基磷灰石的结晶体和少量的氟磷灰石和钠、钾、镁的碳酸盐等化学成分。牙釉质对牙具有重要意义,牙釉质是高度钙化的物质,质地十分坚硬,便于牙撕咬、磨碎食物。牙釉质比较耐磨、耐腐蚀,保护着里面的牙本质和牙髓组织,牙釉质钙化程度越高则越透明。牙釉质是不能再生的,破损后不能自行修复,一旦破损,里面的牙本质抵挡能力下降,当其遭受破坏后,可使牙齿进一步遭到破坏。

牙本质位于牙釉质和牙骨质的内层,是构成牙齿主体的硬组织,由成牙本质细胞分泌,主要功能是保护其内部的牙髓和支持其表面的牙釉质。颜色淡黄,大约含有 30%的有机物和水,70%的无机物,硬度低于牙釉质。若用显微镜观察,可见到牙本质内有许多排列规则的细管,称为牙本质小管,管内有神经纤维,当牙本质暴露后,能感受外界冷、热、酸、甜等刺激,并引起疼痛。

牙骨质位于牙根外层,是包绕在牙根外面的一种钙化的牙体硬组织。色淡黄,硬度和致密度与骨相似。无机物约占其总质量的 65%,有机物约占 23%,水约占 2%。呈层板状结构,牙骨质分无细胞牙骨质和细胞牙骨质两种。牙骨质具有不断形成的特点,有两个重要功能,一是把牙周组织和牙体组织结合在一起,二是修复牙根面的损伤。

牙齿的中心是空腔,里面有牙髓,牙髓是牙齿内的软组织,其中有丰富的血管和神经等。血管和神经通过根尖孔进入牙髓内,成为牙髓。

二、牙齿的生理功能

牙齿不仅能咀嚼食物、帮助发音，而且对面容有很大影响。由于牙齿和牙槽骨的支持，牙弓形态和咬合关系的正常，人的面部和唇颊部才会显得丰满。当人们讲话和微笑时，整齐且洁白的牙齿，更能显现人的健康和美丽。相反，如果牙弓发育不正常，牙齿排列紊乱，参差不齐，面容就会显得不协调。如果牙齿缺失太多，唇颊部失去支持会出现凹陷，就会使人的面容显得苍老、消瘦。所以，人们常把牙齿作为衡量健美的重要标志之一。

第二节　牙膏的作用及分类

牙膏是具有洁齿能力，起泡性、色香味、使用性良好，并对某些牙齿疾病有一定防治效果的软管包装的膏状混合物。它使用方便，是目前应用最广的洁齿剂。

牙膏作为日常生活中常用的清洁用品，有着悠久的历史。随着科学技术的不断发展，工艺装备的不断改进和完善，各种类型的牙膏相继问世，产品的质量和档次不断提高，现在牙膏的品种已由单一的清洁型牙膏，发展成为品种齐全、功能多样、有上百个品牌的多功能型牙膏，这样就满足了不同层次消费者的需要。

一、牙膏的作用

（一）洁齿作用

牙膏应具有清洁牙齿、保护口腔卫生、消除口臭等作用，能够去除牙齿表面的薄膜和菌斑且不损伤牙釉质和牙本质。牙膏的洁齿作用主要是由粉末原料摩擦剂和起泡剂决定的，其中摩擦剂对牙膏洁齿能力影响最大。作为摩擦剂，粉末本身的硬度太大会损伤牙周组织。相反，粉末颗粒硬度太小，难以将牙垢除去，更谈不上赋予牙齿表面光泽，所以选择适宜的摩擦剂是保证牙膏洁齿作用的关键。

（二）起泡性

在使用牙膏时，必须产生丰富的泡沫。泡沫是由膏体组织中的起泡剂产生的。一般选用起泡力较强的表面活性物质作为起泡剂。泡沫有较强的洗涤去垢能力，泡沫均匀迅速地扩散，不仅能顺利地除去牙齿表面的污垢和口腔食物残渣，而且能够渗透到牙缝内和牙刷刷不到的部位，将牙垢分散、乳化并除去。因此，牙膏在使用时产生泡沫量的多少，也是评价牙膏质量高低的标准之一。

（三）色香味

牙膏用于口腔，应具有良好的色香味。优质的牙膏应该膏体色泽洁白或纯正，膏质细腻，稀稠适度，香气芬芳，味道清凉，用后应有令人满意的香甜、清凉和爽快的感觉。

牙膏的色香味与组成牙膏的原料有关，如粉末原料、起泡剂、黏合剂和香料等。其中，香料、甜味剂和漂白剂对色香味影响最大，所以在选择原料时应注意其对牙膏色香味的影响。

（四）使用性

牙膏除了要求安全、无毒和无刺激外，还需具备良好的使用性能。如使用时牙膏易从软管中挤出，挤出的膏体在牙刷上能够保持一定的形状，刷牙时牙膏在口腔中易分散，吐掉后在口腔中容易漱净，使用后牙刷容易洗净等。

牙膏的使用性与牙膏的原料配方、工艺设备、产品性能以及包装材料有关，例如，摩擦剂、起泡剂和黏合剂等膏体成分影响牙膏的流动性、分散性、易洗净性等，牙膏管的大小、材料、厚度、口径粗细影响牙膏的黏度、形状等。因此，牙膏的使用性必须从原料、工艺、性能和容器等各方面进行综合考量。

（五）防治效果

牙膏应具备预防和治疗口腔疾病的功能。中草药牙膏因为含有中草药成分，对龋齿、牙周炎等疾病有预防和治疗作用，故比普通牙膏更具特色。有药物作用的牙膏，其质量除符合一般牙膏标准外，还必须通过医疗单位的临床鉴定、确保疗效，方可批准使用。

（六）稳定性

牙膏应不腐败变质，膏体不分离、不发硬、不变稀，pH 值不变。如果是药物牙膏应在有效期内保持疗效。

二、牙膏的种类

牙膏的种类繁多，分类方法也不统一。按酸碱度分类，可分为中性、酸性和碱性牙膏。按香型分类，可分为水果香型、薄荷香型、茴香型、龙脑香型、留兰香型和冬青香型等。每种香型又有多个品种，如水果香型的牙膏有中华牙膏、白玉兰牙膏、雪山牙膏等。按牙膏膏体分类，可分为普通牙膏、透明牙膏、彩色牙膏和气溶牙膏等。根据牙膏的用途可分为普通牙膏和药物牙膏两大类。

（一）普通牙膏

普通牙膏分甲级牙膏和乙级牙膏两种。其分级标准是以摩擦剂为主要指标，凡是摩擦剂以磷酸氢钙、焦磷酸钙、氢氧化铝或二氧化硅为主的是甲级牙膏，以碳酸钙为主的则是乙级牙膏。目前，我国牙膏生产中大量采用的摩擦剂是碳酸钙，碳酸钙牙膏约占全国牙膏总量的 80%。

（二）药物牙膏

药物牙膏是在牙膏中加入不同成分的药物，可以起到对牙的保健作用，并对口腔中的某些疾病有一定的防治功能。

药物牙膏大体分为以下几种。

1. 加氟牙膏

将能离解为氟离子的水溶性氟化物加入牙膏中制得。加氟牙膏是一种防治龋齿的药物牙膏。其防治龋齿的原理是利用氟离子能与构成牙釉质的羟基磷灰石发生反应，生成氟磷灰石，使牙齿加固变硬，并增强了牙齿对细菌或酸腐蚀的抵抗力，从而起到防治龋齿的作用。

2. 加酶牙膏

在牙膏中加入一些酶制剂制得。其目的是利用酶（葡聚糖酶、蛋白酶、淀粉酶等）催化分解齿垢，有效抑制疾病的发生。

3. 脱敏牙膏

在牙膏中添加脱敏药物制得。脱敏牙膏不仅能洁齿，同时还具有抑菌、抗酸、镇痛等作用。

4. 止痛消炎牙膏

在牙膏中加入一些消炎、杀菌、镇痛的药物制得。止痛消炎牙膏能预防和治疗牙周炎、牙龈炎或牙髓炎等常见的牙齿疾病。

5. 防感冒牙膏

在牙膏中加入预防感冒的药物制得。防感冒牙膏含有解热、杀菌药物，对流感和其他类型的病毒有抑制作用，并且长期使用对人体无毒副作用。

第三节 牙膏的原料

一、摩擦剂

摩擦剂是牙膏具有洁齿能力的主要组成原料，占膏体总量的40%～50%。摩擦剂多采用无机矿物粉末，借助其摩擦作用来清除附着于牙齿表面的牙垢。因此摩擦剂应有适当的摩擦性(即一定的硬度)，颗粒细腻，不含过粗颗粒和易划伤牙齿的过硬颗粒。

矿物质的硬度标准一般用莫氏硬度表示。以滑石为1，金刚石为10，将它们之间分成10等份，这就是莫氏硬度。

一般来说，牙釉质的莫氏硬度为6～7。为了不损坏牙釉质，牙膏中粉状摩擦剂的莫氏硬度应为3。如果制备因吸烟或喝浓茶致使牙齿表面存积较多污垢的人专用的牙膏，可在牙膏中加入较高硬度的摩擦剂。

摩擦剂的颗粒不宜过粗，否则在口腔中会产生异物感。一般牙膏中采用的粉状摩擦剂的颗粒规格应在325目(44 μm)以下。除特种产品外，市售牙膏中一般使用10～20 μm颗粒度的粉状摩擦剂，其表面应较平，晶形规则，要避免选用容易损伤牙齿的针状、棒状等不规则晶形的摩擦剂，同时还应考虑选用外观洁白、无异味、安全无毒、溶解度小、化学性质稳定的摩擦剂。摩擦剂有以下几种类型。

1. 普通摩擦剂

最常用的是碳酸钙。碳酸钙是无臭、无味的白色细腻粉末，不溶于水。牙膏用碳酸钙一般分为轻质、重质和天然三种。轻质和重质碳酸钙都是用沉淀法生产的:轻质碳酸钙是在石灰乳中通过二氧化碳生成的;重质碳酸钙是将沸腾的碳酸钠溶液与氯化钙反应制成的。天然碳酸钙主要是指天然的方解石粉。方解石粉是我国的自然资源之一，矿藏遍布全国，尤其以浙江省储量最大、质量也较好。由于方解石矿开采比较容易，加工过程也不复杂，成本较低，已成为我国牙膏生产的主要摩擦剂。生产乙级牙膏一般用碳酸钙作为摩擦剂。

2. 高级摩擦剂

常用的有磷酸氢钙、焦磷酸钙、磷酸钙、氢氧化铝和水合硅酸等。这些摩擦剂在水中能分散成胶体，其颗粒细度已达到胶体粒子的范围，所以又称为胶体摩擦剂。用胶体摩擦剂生产的牙膏，膏体洁白、光滑、细腻、稳定，摩擦性能温和，对牙齿磨损小，而且能够赋予牙齿光泽，是生产甲级牙膏的摩擦剂。

3. 凝胶型摩擦剂

常用的有水合二氧化硅、硅酸铝镁和硅酸铝钠等，多用于透明或半透明牙膏中。

4. 新型摩擦剂

常见的有包覆摩擦剂、塑料摩擦剂。包覆摩擦剂是将平均颗粒度为 2～10 μm 的硅石、碳化硅等硬质摩料的表面浸涂一层树脂形成。另外,用硅酸锆与细粉状热塑性树脂也可形成包覆摩擦剂。包覆摩擦剂具有洁齿能力强、摩擦性能好且不伤牙齿的特点,有取代天然摩擦剂的趋势。

二、起泡剂

起泡剂实际就是各种表面活性剂,它能协助摩擦剂更好地发挥洁齿作用。起泡剂用量较少,起泡迅速,能分散到口腔各个角落,从而洗去牙齿污垢,起到清洁口腔的作用。用作起泡剂的表面活性剂应具有起泡、分散、乳化、渗透、去垢等性能,且无毒性、无刺激性等特点。

目前,国内外广泛应用的合成起泡剂有十二醇硫酸钠和十二酰甲胺乙酸钠等。

十二醇硫酸钠也称月桂醇硫酸钠,为白色粉末,微有脂肪醇气味,溶于水中得中性溶液。十二醇硫酸钠是由椰子油加氢成脂肪醇,减压蒸馏得到大部分十二醇,再经硫酸酸化,然后以氢氧化钠溶液中和,喷雾干燥成粉而得。

十二醇硫酸钠能产生丰富的泡沫,可以渗透、疏松牙齿表面污垢和食物残渣,使之成为悬浮状,被牙刷及摩擦剂从牙齿表面移除下来,随漱口水洗掉。这种起泡剂碱性较低,对口腔刺激性小,稳定性好,我国生产的牙膏绝大多数应用此种起泡剂。

十二酰甲胺乙酸钠也称月桂酰甲胺乙酸钠,为白色粉末,能溶于水并产生大量泡沫。十二酰甲胺乙酸钠在牙膏中可使膏体细腻稳定,泡沫丰富,极易漱清,还能防止牙缝间食物残渣发酵产生乳酸,并具一定的防龋齿能力,是一种比较理想的牙膏用起泡剂。

三、药物原料

使牙膏具有预防或治疗牙齿、口腔等疾病的原料称为药物原料。对药物牙膏来说,药物原料是不可缺少的原料之一,根据药物的作用不同可分为以下几种:①防治龋齿:常用氟化物如氟化钠、氟化钾、氟化锶、氟化亚锡、单氟磷酸钠、单氟磷酸钙、单氟磷酸,以及绿茶、地骨皮等。②防治牙垢、牙龈炎:常用酶制剂如葡聚糖酶、蛋白酶、淀粉酶、溶菌酶、脂肪酶,以及白矾等。③防治牙过敏:常用尿素、氯化锶和丹皮酚等。④防治牙龈出血:常用叶绿素铜钠盐、维生素 C、三七和白芷等。⑤防治牙周炎和牙髓炎等:常用洗必泰、氯丁醇、新洁尔灭、苯甲醇、丁香油、冬青油、薄荷油及两面针、厚朴、细辛、丁香、冰片、牡丹皮等中草药的提取物。⑥防治感冒:常用的有板蓝根、金银花、连翘、柴胡和桑寄生等中草药的提取物。

四、其他原料

(一) 保湿剂

保湿剂又叫湿润剂,其加入量占牙膏原料总质量的 10%～30%。在牙膏中加入保湿剂,可防止膏体水分蒸发,避免其干燥变硬,并能赋予膏体光泽。另外,保湿剂还能降低膏体的凝固点,有防冻的性能,使牙膏在寒冷的地区亦能正常使用。

生产牙膏时常用的保湿剂有甘油、丙二醇、丁二醇和山梨醇等,它们均属于多元醇,长时间储存可以使细菌繁殖,破坏膏体,故需加适当的防腐剂以防其霉变。我国一般选用甘油作为牙膏的保湿剂,因为甘油不仅是牙膏的保湿剂,而且是膏体的防冻剂和甜味剂。

（二）黏合剂

黏合剂是制作牙膏的一种重要原料，它起到黏合牙膏的所有原料，形成稳定膏体的作用。牙膏用黏合剂，除要求能制成稳定的胶体溶液外，还要求色浅味正，对人体无害。

目前常用的牙膏黏合剂有以下几种。

(1) 黄芪胶粉又称白胶粉，是一种白色至微黄色的粉末，不溶于乙醇，在水中溶胀成凝胶。这种天然胶粉是由黄芪树的树汁干燥制成的。黄芪胶粉具有一定的乳化能力，可使水溶液增稠，感觉滑爽、不黏腻，是一种性能较好的牙膏黏合剂。其黏性在 pH 值为 8 时最大，加入酸、碱、盐、久置或煮沸均能使黏度降低。

(2) 海带胶是从海带中提取的褐藻酸的钠盐，故又称海藻酸钠，是一种无臭、无味、白色至浅黄色的粉末。海带胶是将海带提取物经浸泡、消化、钙化，再用碳酸钠中和，干燥后磨成粉末所得。海带胶溶液是透明均匀的黏稠胶液，胶粒直径约为 20 nm，黏度较小，制成的膏体稳定、扩散性良好，是一种品质优良的牙膏黏合剂。

(3) 羧甲基纤维素英文简称为 CMC。在化妆品或牙膏中，一般用其钠盐，即羧甲基纤维素钠，英文简称为 CMC-Na。CMC-Na 是将纤维碱化处理成胶态，再用氯乙酸进行醚化反应制得。

CMC-Na 是白色或微黄色的纤维粉末，具有浸润性，可溶于水；在中性或碱性溶液中具有很高的黏度，呈透明状，无气味；对光、热、化学药品稳定，对霉菌有抑制作用。由于 CMC-Na 性能优良，制成的膏体稳定，价格比较便宜，因此被广泛应用于国内外的牙膏生产。

（三）甜味剂

甜味剂在牙膏中起掩饰原料的气味，改善口感的作用。常用的甜味剂有糖精、甘油、木糖醇和桂皮油等，其中以糖精为主。

糖精的化学名叫邻苯甲酰磺酰亚胺，其分子式为 $C_7H_5NO_3S$。糖精为白色结晶体或粉末，无臭，略有芳香气味，味很甜，但难溶于水，所以往往将其制成钠盐使用。糖精钠可溶于水，在牙膏中常用量为0.25%～0.35%。

（四）赋香剂

赋香剂赋予牙膏芳香清凉，用后使口内留香，消除口臭。在牙膏中使用的香料必须具有可食性，并与膏体其他部分接触后不变味。常用的牙膏香型以水果香型、留兰香型为主，此外还有薄荷香型、茴香香型和豆蔻香型等。牙膏的香料香型，均由调香师将几十种香料混合调制而成。

（五）调和剂

调和剂是指调和膏体粉质原料的液体原料。常用的有水、乙醇等。水最好用蒸馏水，未经处理的硬水不宜制造牙膏。

（六）漂白剂

使膏体洁白的原料。常用的有过氧化氢、次氯酸钠和过硼酸钠等。

（七）矫味剂

矫正膏体不愉快异味的原料。常用的有酒石酸、琥珀酸等。

（八）色素

牙膏有时也添加色素，以增加其外观的美感。牙膏用色素与一般食品色素相似，并必须

符合有关规定。

（九）缓蚀剂

牙膏管主要是铝管，铝管的腐蚀问题也会影响到牙膏的质量。目前较好的办法是用内层涂料和复合管来防止腐蚀，但工艺较复杂，成本较高。一般铝管包装的腐蚀问题可通过添加缓蚀剂来解决，常用的缓蚀剂有硅酸盐、磷酸盐等。

（十）防腐剂

防腐剂是指防止牙膏受微生物污染而变质的原料。常用的有苯甲酸钠、山梨酸和对羟基苯甲酸酯类等。

第四节　牙膏的配方设计

牙膏的配方设计包括膏体的配方、膏体的制作工艺、软管的制作和装管与包装四个方面。

一、膏体的配方

牙膏实际上就是不溶性的摩擦剂在亲水胶体中形成的膏状混合物。由于牙膏的品种不同，配方也就各不相同。

1. 甲级牙膏

（1）配方举例如表8-1所示。

表8-1　甲级牙膏的配方

组成	质量分数/(%)
磷酸氢钙	48.0
十二醇硫酸钠	2.0
甘油	24.0
白芷提取物	0.5
CMC	1.0
糖精	0.05
玫瑰香料	0.5
聚乙烯醇	0.8
丁香油	0.5
乙醇	0.8
纯化水	余量

（2）制作方法：该配方所用的摩擦剂是高级摩擦剂，故此配方为甲级牙膏配方。制作时将CMC、聚乙烯醇、乙醇与甘油均匀分散后，加入纯化水充分溶解成胶体溶液。放置一定时间后，加入丁香油、白芷提取物、磷酸氢钙、十二醇硫酸钠、糖精、玫瑰香料，捏合成膏，即成。

（3）说明：本品中白芷提取物可镇痛，除口臭，消炎洁齿，且气味芳香。

2. 乙级牙膏

(1) 配方举例如表 8-2 所示。

表 8-2 乙级牙膏的配方

组成	质量分数/(%)
碳酸钙	50.0
十二醇硫酸钠	7.2
甘油	20.0
CMC	1.2
升麻提取物	0.2
糖精	0.3
香料	1.0
尿素	5.0
氯化锶	0.3
丹皮酚	0.05
纯化水	余量

(2) 制作方法:该配方所用的摩擦剂是普通摩擦剂,故此配方为乙级牙膏配方。制作时将 CMC 与甘油均匀分散后,加入纯化水充分溶解成胶体溶液。放置一定时间后,加入碳酸钙、十二醇硫酸钠、升麻提取物、糖精、香料、尿素、氯化锶、丹皮酚,捏合成膏,即成。

(3) 说明:本品可抗酸、抑菌、镇痛。配方中的丹皮酚是很好的镇痛脱敏药物,再加上能抑菌、溶解牙面上斑膜的尿素等,二者可起协同作用。

3. 加氟牙膏

(1) 配方举例如表 8-3 所示。

表 8-3 加氟牙膏的配方

组成	质量分数/(%)
焦磷酸钙	42
氟化亚锡	0.4
甘油	10
山梨醇	20
硅酸镁铝	0.6
羧乙基纤维素	0.6
焦磷酸亚锡	1.2
糖精	0.2
香料	1.0
精制水	24

(2) 说明:该配方为加氟牙膏,配方中选用焦磷酸钙为摩擦剂。因为碳酸钙等摩擦剂都可以与氟离子反应生成氟化钙,从而降低氟离子的含量,减弱防龋效果。采用焦磷酸钙、α-氧化铝或偏磷酸钠等作为加氟牙膏的摩擦剂,可不影响氟离子的含量。加氟牙膏的 pH 值以

5.5～6.5 为佳。

二、制作工艺

膏体的制作有两种方法。一种是湿法溶胶制膏法，一种是干法溶胶制膏法。在这两种制膏法中，湿法溶胶制膏工艺一直占主要地位。

湿法溶胶制膏工艺先用甘油等保湿剂使黏合剂均匀分散，然后加水使黏合剂膨胀胶溶，并经储存陈化，再拌和摩擦剂，加入起泡剂、香料，经研磨，储存陈化，真空脱气制成。这种制膏工艺的牙膏质量良好，是目前国内外普遍采用的工艺。

干法溶胶制膏工艺将摩擦剂粉料与黏合剂粉料按配方比例混合均匀，再加甘油溶液一次捏合成膏。这种工艺极大地缩短了生产程序，由制膏一条线改革为制膏一台机，有利于牙膏生产自动化和连续化。

第九章　芳香类化妆品

第一节　概　　述

一、芳香类化妆品的定义

芳香类化妆品是一类具有芳香气味，调整肤色，赋予人体香味，令人心情舒畅等功能的化妆品。

二、芳香类化妆品的分类

芳香类化妆品包括液体类芳香化妆品（如香水、花露水、化妆水和古龙水等）和固体类芳香化妆品（如香粉、香水条、香锭和晶体芳香剂等），其中液体类芳香化妆品应用较多。

第二节　芳香类化妆品的原料

一、赋香剂

芳香类化妆品所使用的香料，是用天然香料和合成单体香料调配而成的混合物。初调配的香料，其香气往往不够协调、纯正，还需进一步调配。为缩短香水等化妆品的生产周期，有必要将香料进行预处理，预处理的方法是将新调配的香料与陈旧的同一品种香料混合使用，有利于加速香气的协调和圆润。在香料中加入少量纯净的乙醇，在常温下储存一个月后，再用于配制产品，效果较好。香水中香料的用量多少不一，差别较大。香水中香料的含量一般为15%～25%，但有些高档名贵香水，香料加入量可高达50%。

二、乙醇

乙醇又叫酒精，具有酒的醇香。乙醇质量对香水的质量影响很大，不同来源的乙醇因气味不同，会干扰香水的香气。作为香水类化妆品原料的乙醇，其浓度一般为90%～95%，并且要求无杂质、无异味，外观指标和理化指标合格，否则不能投产使用。因此，乙醇在使用前必须经过陈化处理。

1. 陈化处理的目的

除去乙醇中的有机杂质，如醛、醋酸、丙酮、杂醇和还原糖等，使化妆品气味纯正，以免影响化妆品的质量。

2. 陈化处理的方法

(1) 向乙醇中加入1‰～5‰的高锰酸钾剧烈搅拌后，过滤除去部分杂质。

(2) 在每升乙醇中加入1～2滴30%的过氧化氢(H_2O_2)溶液，在室温下储存几天。

(3) 在乙醇滤液中加入1%的活性炭，吸附部分杂质，间隔搅拌，3～5天后过滤。

(4) 将上述乙醇滤液通过硅胶渗透过滤，使硅胶吸附部分杂质。

(5) 在乙醇中加入少量香料，在15 ℃恒温下密闭放置1～3个月。

三、水

制造芳香类化妆品所用的水不是一般的自来水，应采用新鲜的蒸馏水、去离子水或脱除矿物质的软水。

时间过久的蒸馏水、去离子水中会有微生物存在，虽然芳香类化妆品中的乙醇最后会杀死这些微生物，但易使产品产生异味与沉淀，从而影响产品的香气和质量。因此，在制作香水时应采用新鲜的蒸馏水。另外，生产管道、设备及存放香水的容器要清洁，最好选用不锈钢设备，不要使用铁、铜容器，因为使用铁、铜容器会导致香水中有微量金属离子的存在，这些微量金属离子能加快某些香料的氧化。

四、其他添加剂

为保证芳香类化妆品的质量，一般需加入0.02%的抗氧化剂，如二叔丁基对甲酚等。有时根据特殊的需要也可加入添加剂如色素等，但应注意，所加色素不应污染衣物等，所以芳香类化妆品通常不加色素。

第三节　芳香类化妆品配方设计

一、乙醇溶液香水

乙醇溶液香水包括香水、花露水和古龙水三种。

香料溶解于乙醇即为香水。香水具有芳香、浓郁、持久的香气，一般为女士使用，主要作用是喷洒于衣襟、手帕及发饰等处，能散发出悦人的香气，是重要的化妆用品之一。香水中香料用量多少不一，一般香料含量是15%～25%，但有些高档名贵香水，香料加入量可高达50%。

古龙水是在德国科隆市研制成功的，故又名科隆水，后经历史变革，科隆水改名为古龙水。古龙水的主要原料有乙醇、蒸馏水、香料和微量元素。乙醇用量一般为75%～80%，香料用量一般为3%～8%。传统的古龙水香型是柑橘型。古龙水通常用于手帕、床巾、毛巾、浴室、理发室等处，能散发出令人愉快的香气，一般为男士所用。

花露水是用花露油作为主体香料，配以乙醇制成的一种香水类产品，是一种在沐浴后用于祛除汗臭及在公共场所解除秽气的夏季卫生用品，具有杀菌消毒等作用，涂于蚊叮、虫咬之处，有止痒消肿的功效，涂抹于患痱子的皮肤上，亦能止痒且有凉爽舒适之感。乙醇用量一般为70%～75%，香料用量一般为2%～5%。

1. 配方一

(1) 配方举例如表 9-1 所示。

表 9-1 乙醇溶液香水的配方一

组成	质量分数/(%)
乙醇	74.5
清香型香料	20.0
水	5.0
丙二醇	适量

(2) 制作方法:全部原料混合后陈化 3 个月,经冷冻、过滤、罐装即可。

2. 配方二

(1) 配方举例如表 9-2 所示。

表 9-2 乙醇溶液香水的配方二

组成	质量分数/(%)
乙醇	75.0
水	22.0
柑橘型香料	3.0

(2) 制作方法:将香料加入乙醇溶解后,加水,间隔搅拌,放置数日,过滤,即可。

二、乳化香水

乙醇溶液香水的主要溶剂是乙醇,对香料在其中的溶解度要求很高,香料香气的某些缺陷也极易在乙醇这一稀释剂中暴露;乙醇溶液香水中乙醇含量较高,又不易加入对皮肤有滋润作用的物质,所以对皮肤的刺激性较高,且产品黏度低,对包装容器要求苛刻等。乳化香水在某种程度上克服了乙醇溶液香水的上述缺点,具有留香持久(配方中油蜡类物质有保香作用)、滋润皮肤、刺激小等特点。

乳化香水的作用和用法与乙醇溶液香水一样,涂敷于耳后、肘腕、膝后等处,用以散发香气。

乳化香水主要由香料、乳化剂、多元醇、油性物质和水等组成。

1. 香料

通常香料的加入量为 5%～10%,香料的用量应根据香料的香味浓淡和香水的类型来确定,但用量应尽可能少一些,用量越多,形成稳定乳化体就越困难。乳化香水所用香料应避免采用在水溶液中易变质的成分。芳香族的醇类及醚类在多数情况下较稳定,可多选用,而醛类、酮类和酯类在含有乳化剂的碱性水溶液中易分解,选料时应尽量少用或不用。

2. 乳化剂

乳化香水在配制中很重要的一点就是形成稳定的乳化体,由于配方中含有较多的香料,特别是采用后加香的方法,对形成稳定的乳化体是不利的,较一般产品难度大。生产稳定的乳化香水的关键是选择合适的乳化剂,常用的乳化剂:阴离子型表面活性剂,如硬脂酸钾(或钠、三乙醇胺)、月桂醇硫酸钠等;非离子型表面活性剂,如单硬脂酸甘油酯、聚氧乙烯硬脂酸酯、失水山梨醇脂肪酸酯、聚氧乙烯失水山梨醇脂肪酸酯、聚乙二醇脂肪酸酯等。

3. 保湿剂

多元醇也是乳化香水中的主要原料之一。它的作用一方面是保持乳化香水适宜的水分含量，防止水分过快蒸发而影响乳化体的稳定性；另一方面是降低乳化香水的凝固点，防止在寒冷的天气结冰，使瓶子因膨胀而破裂；同时它又是香料的溶剂。通常采用的多元醇有甘油、丙二醇、山梨醇、聚乙二醇、乙氧基二甘醇醚等。

4. 油性物质

除了稳定性外，还要求乳化香水在使用时对皮肤没有油腻的感觉，也不留下油污，并应具有化妆品必要的光洁、细致、滋润作用。油蜡类物质的加入，不仅可以作为乳化体的油相，使制品在用后有滋润皮肤的作用，而且可起到保香剂的作用，提高香气持久性。但不宜多加，否则油腻性过强。

5. 其他添加剂

乳化香水有时也可加入一些色素以改进外观。香料的色泽对成品色泽的影响很大，可使乳化体呈现自乳白色到奶黄色直至棕色，加入某些化妆品用的色素可极大改善乳化香水的外观。另外，配方中通常加入 CMC 等增稠剂以增加连续相的黏度，提高乳化体的稳定性。加入防腐剂，防止微生物的生长，对乳化香水的稳定性也是有利的。对水质的要求同乙醇溶液香水。

1）液状乳化香水

（1）配方举例如表 9-3 所示。

表 9-3 液状乳化香水的配方

组成	质量分数/(%)
硬脂酸	2.5
鲸蜡醇	0.3
单脂肪酸甘油酯	1.5
三乙醇胺	1.2
丙二醇	5
CMC	0.2
尼泊金甲酯	0.1
香料	7
去离子水	82.2

（2）制作方法：本配方为液状乳化香水的配方，制作方法参照乳膏类化妆品的制备工艺。

2）半固体状乳化香水

（1）配方举例如表 9-4 所示。

表 9-4 半固体状乳化香水的配方

组成	质量分数/(%)
蜂蜡	2
鲸蜡醇	8
脂蜡醇	4.5
K_{12}	1.2

续表

组成	质量分数/(%)
丙二醇	6
尼泊金甲酯	0.1
色素	适量
香料	7
去离子水	约 71.2

(2) 制作方法：本配方为半固体状乳化香水的配方，制作方法参照膏霜类化妆品的制备工艺。

某些香料在乳化后加香会使乳化体不稳定，易产生分离现象，可将香料加入油相一起进行乳化，但必须注意乳化温度应以不破坏香料的稳定性为准。由于香料能渗透通过聚乙烯，故乳化香水不宜用聚乙烯瓶包装。

乳化香水最好经过 6 个月的稳定性试验，合格后方可投入正式生产。研究表明，乳化香水在 45 ℃烘 24 h，再在 0 ℃冰箱中冰冻 24 h，若其性质不变的话，那么在常温下的稳定性是比较可靠的。

三、固体香水

固体香水是将香料溶解在固化剂中，制成棒状并固定在密封较好的管形容器中，携带使用方便。其用途与乳化香水相同。但固体香水的香气没有液状香水幽雅，在香气持久性方面，液状香水不及固体香水。

固体香水的组成为香料、固化剂、溶剂(或增塑剂)和水等。

制作固体香水的关键是固化剂，通常采用硬脂酸钠作为固化剂。生产中可直接加入硬脂酸钠，也可在生产过程中以氢氧化钠中和硬脂酸而成。直接加入硬脂酸钠，可简化生产过程，但需要较长时间溶解。固体香水的硬度可通过调整硬脂酸钠的含量来实现，增加硬脂酸钠的用量可以生产出较硬的固体香水棒。硬脂酸钠含量少些，硬脂酸中棕榈酸含量高一些和灌模时冷却速度慢一些，可以制得较透明的产品。制作固体香水的其他固化剂有蜂蜡、小烛树蜡、松脂皂、二丙酮果糖硫酸钾、醋酸钠、乙基纤维素等。

1. 配方一

(1) 配方举例如表 9-5 所示。

表 9-5 固体香水的配方一

组成	质量分数/(%)
硬脂酸	5.6
氢氧化钠	0.9
甘油	6.5
乙醇	约 80
色素	适量
香料	3
去离子水	4

(2) 制作方法:在生产过程中制成硬脂酸钠,操作方法是将乙醇、硬脂酸、甘油等成分加热至 70 ℃,在快速搅拌条件下,将溶解在水中的氢氧化钠缓缓加入,取样分析游离脂肪酸或游离碱,并校正使游离脂肪酸的最终含量约为配方中硬脂酸用量的 5%后,加入香料和色素,在 65 ℃时灌模,冷却后即可包装。

2. 配方二

(1) 配方举例如表 9-6 所示。

表 9-6 固体香水的配方二

组成	质量分数/(%)
硬脂酸钠	6
丙二醇	4
二甘醇-乙醚	3
乙醇	约 80
色素	适量
香料	2
去离子水	5

(2) 制作方法:直接加入硬脂酸钠,其操作方法是将除香料以外的所有成分在密封的不锈钢锅内加热,并不停地搅拌,当硬脂酸钠完全溶解后,加入香料,冷却至 65 ℃时即可灌模,缓慢冷却至室温后包装。

3. 配方三

(1) 配方举例如表 9-7 所示。

表 9-7 固体香水的配方三

组成	质量分数/(%)
石蜡	30
白凡士林	约 45
液体石蜡	5
色素	适量
香料	20

(2) 说明:该配方是不含乙醇的固体香水,其配方类同唇膏,只是香料用量远较唇膏多,其制作方法也与唇膏基本相同。

另外,也可将液状香水制成直径为几十到几百微米的微型胶囊,这种胶囊中含有环糊精等高分子物质,一般嗅不出香味,只有用手指轻揉或在摩擦时胶囊才会破裂并释放出香气。

第四节 芳香类化妆品的选用

一、芳香类化妆品的选择

一般来说,芳香类化妆品的选用应根据以下三个原则。

（一）择优选用

按香水质量优劣，择优选用。

优质的香水应当具备以下特点。

(1) 香气幽雅馥芳，天然花香，生动自然，和谐持久，令人喜爱。

(2) 香水水体清澈透明，无沉淀混浊现象。

(3) 留香时间长，一般在衣襟上能留香7～10天。

(4) 包装考究，瓶盖紧密，能避免香水自然挥发。

（二）有针对性选用

选用香水应根据个人的皮肤性质和季节选用，否则会弄巧成拙。

（三）根据个性选用

按个性特点，选用适宜的香水。

香水的香气有幽雅与浓郁之分。一般来说，个性是属于热情的，最好选用香气浓郁的香水。性格柔和好静内向的人，一般选用香气幽静的香水。但最主要的还是要根据各人喜爱的香味来选用香水。

香水四季均可使用，尤其是入夏后更受人欢迎。天气变热，人们容易出汗，在衣襟、手帕和裙边洒上数滴香水，或在耳后搽香水，可使人精神振奋、消除体臭、香气宜人。

要注意的是，直接从香水瓶嗅闻香味是不准的，最好的办法是将香水取1～2滴放在手背上，待乙醇挥发后再试闻其香味。

二、芳香类化妆品的使用

芳香类化妆品的使用非常广泛。比如把香水洒在皮肤上，身体的温度会使香气从身体上蒸腾缭绕，使人具有吸引力；在耳根、手肘内侧、膝部内侧薄施香水，会给人带来若有若无的朦胧之美；手帕上洒一点香水，放在衣袋里，可从衣袋里散发出一股诱人的气息；将香水的空瓶盖打开，放在手袋里，当你开启时总有一股喜欢的气息在欢迎你；在办公室的抽屉里，放上一团沾了香水的棉花，在你开关抽屉时，香气会伴随着你，使你头脑清新；在空调吹风口或电扇叶上洒点香水，会使室内清凉芳香；将一滴香水滴在灯泡上，灯泡的热度可把香气扩散到整个房间里，让人感到舒适；洗头时，洗最后一次清水时，加入几滴香水，可使头发散发芬芳；盆浴时，浴水内加入香水数滴，不但可滋润皮肤，而且可使肌肤芳香；在衣柜里洒点香水，不但衣柜内香气缭绕，而且可使衣服也沾上香味；经常用带喷雾装置的香水，将其洒在枕头、枕巾、被单上，睡觉时芳香会使你格外惬意；因香水有镇静和安抚的作用，将玫瑰、茉莉等香型的香水在睡觉前涂在脚上、手腕上和耳根之后，能使您入梦更甜蜜；洗脸毛巾上有了酸味，用清水洗净后，可在毛巾上滴两滴香水，可去除异味；夏天出痱子，用香水涂患处，可消除或减轻痱毒；蚊虫叮咬后奇痒，涂香水可消炎止痒；头晕疲劳时，将香水涂太阳穴可提神醒脑。

第十章　中草药化妆品的选择与使用

第一节　中草药化妆品的选择原则

一、合法性

选择化妆品时，看商标标识，确定化妆品的合法性。化妆品包装应附有生产企业质量检验合格标志，标签上应注明产品名称、生产企业名称和地址、卫生许可证号、生产许可证号、执行标准名称、生产日期、保质期或生产批号及限用日期，以及必要的使用说明等。消费者在选购化妆品时，不仅要看商标、生产厂家、地址、使用说明书或宣传文字，对特殊或进口化妆品，还应看有无卫健委的批准文号或进口批文等标识，以确定所购买的产品是否为合法和合格的产品。

二、优劣性

在选择化妆品时除了注意化妆品的合法性，还要对化妆品的质地加以鉴别，尤其在选购一种以前从没有用过的化妆品时更应注意。化妆品质地的鉴别要注意以下三个原则。

1. 质地细腻

用肉眼直接看装在瓶子里的化妆品质地是否细致是不容易做到的，有时要亲自试验。试验的方法是用手指蘸上少许，均匀地在手腕关节活动处涂一薄层，然后手腕上下活动几下，几秒钟后，如果化妆品均匀且紧密地附着在皮肤上，且手腕上有皮纹的部位没有条纹的痕迹时，便是质地细腻的化妆品。反之，如果出现或者有粗糙感、有微粒状，这种化妆品质地就不那么细腻。任何一种化妆品均是质地越细越好，因为质地越细腻，其附着在皮肤上的能力也越强，涂抹在皮肤上匀贴自然，维持和发挥作用的时间也越长，感觉也舒服。

2. 色泽鲜艳

所谓鲜是要看化妆品的颜色是否暗淡无光泽，如果质地细腻、色泽无光泽，其原因可能是制造时添加的色素不当导致失真，没有进行配色，也可能是产品存货时间太久，超过保质期等。因此在购买时，要特别注意化妆品的颜色和光泽。检测的方法是将化妆品涂抹在手腕上，在光线充足的地方看颜色是否鲜明，同时还要看与自己的肤色是否相称。

3. 气味纯正

化妆品的气味并不是指化妆品的气味需要多香，而是需要没有刺鼻的怪味。气味纯正的化妆品，其香气优雅，给人愉悦感。香味过重，常常是由于加入过量的香料所致。化妆品存放时间太久，会由于化学变化而使质地、色泽和香味发生变化。有些化妆品的气味很淡，涂抹在皮肤上几乎闻不到香味，这时可以把化妆品的盖子打开，靠近鼻子，通常化妆品闻起来有股芬芳清凉的感觉，如果有刺鼻的香味或香味太浓，这可能不纯正。当然，值得一提的是，市面上也有专门为那些不喜欢香味或者对香料过敏的消费者提供的无香型化妆，这种化妆品没有任何香味。使用伪劣或变质的化妆品，皮肤会产生各种不良反应，甚至严重的过敏反应，所以，选购化妆品时应特别小心。

三、安全性

选用化妆品时，尽量先弄清楚化妆品的化学成分。不要选用含铅、砷、汞等重金属成分的化妆品。这些成分虽有一定的美白、祛斑等作用，但危害极大，长期使用会造成肝、肾、神经系统、造血功能等的损害，引发皮炎、色素沉着，甚至癌症等。此外，不要选用带有激素的化妆品，虽然激素类化妆品在短期内对皮肤有嫩白的效果，但长期反复使用会造成皮肤及全身性损害，并使皮肤对激素产生依赖。停用后，皮肤会出现红肿、瘙痒等症状，严重者引发激素依赖性皮炎，顽固难愈。

四、适用性

选择化妆品时，必须考虑年龄、肤质、季节等因素，选择适合自己的产品。根据年龄特点，分别选用婴幼儿用、青少年用、成年用、中老年用化妆品。

皮肤大致分为油性、干性、中性、混合性和敏感性五大类，正确选用化妆品，必须了解自己的皮肤属于哪一种类型。一般来讲，油性皮肤者不宜选择油脂含量高的化妆品，而干性皮肤者适合使用含油脂较高的油包水型化妆品，以滋润皮肤。中性皮肤者选择范围可大些，可使用弱酸性、油脂含量适中的膏霜类化妆品。混合性皮肤者依据不同部位的特点选用适宜的化妆品，敏感性皮肤要用不含香料和色素的化妆品。

春季天气干燥，应注意保湿；夏季紫外线强度大，要注意防晒；冬季注意皮肤营养，重在增加皮肤的含脂和含水量。

第二节　中草药化妆品的合理选择与使用

一、中草药化妆品的合理选择

消费者在选购化妆品时，必须根据自己的皮肤特点、使用的环境、经济状况等因素选择适合自己的产品。如何选择化妆品，不同的人有不同的标准。但总体上讲，选择和使用化妆品时要考虑以下问题。

1. 依据皮肤表面的环境合理选用

（1）皮肤表面酸度：正常皮肤表面呈弱酸性，其 pH 值为 4.5～6.5，最低可到 4.0。皮肤表面的弱酸环境主要由皮肤的代谢产物，如乳酸、氨基酸、脂肪酸等构成，皮肤表面的弱酸环境对酸、碱均有一定的缓冲能力。任何改变皮肤表面正常酸度的体内外因素均可减弱或破坏皮肤的中和能力，如果中和能力减弱，容易受到外界化学刺激的损伤而出现相应的皮肤损害。另外，皮肤表面的弱酸环境也可以抑制某些致病微生物的生长。

各类化妆品的 pH 值不同，如常用的雪花膏的 pH 值为 7，收敛性化妆品的 pH 值为 3.4

左右。所以消费者应根据自己皮肤特性选择适合的化妆品。一般来讲，选用弱酸性的化妆品对绝大多数人均适宜。

(2) 皮脂膜：人体表皮最外层有一层保护性脂膜，对皮肤有屏障、润肤和抗感染的功能。不宜使用去污力强、碱性大的产品，以免破坏这层皮脂膜。

2. 依据皮肤的类型合理选用

(1) 中性皮肤：被认为是正常人皮肤应有的最佳状态。其皮肤角质层含水量适当，为10%～20%，皮脂分泌量适当，皮肤紧张且有弹性，皮肤表面光滑细腻，无明显脱屑或油脂分泌，皮肤呈弱酸性，对外界刺激敏感性不高。但中性皮肤也需要正确的护理，包括清洁、保湿和防晒化妆品的合理使用，一般可用弱酸性、油脂含量适当的化妆品。还要注意的是，皮肤的性质可以随着季节气候以及个人健康状况而发生改变。

(2) 干性皮肤：干性皮肤的人，角质层含水量低下(10%以下)，皮脂分泌减少，皮肤表面干燥、粗糙，缺乏光泽和弹性等，皮肤酸度降低，对环境的适应性差。对于干性皮肤的人，宜选择油脂较多的油包水型化妆品，如冷霜、香脂等，护肤品中要含有一些保湿因子和营养成分，这样既能润泽皮肤和为皮肤提供营养，又能使皮肤的水分不至于快速挥发。

(3) 油性皮肤：皮肤油脂分泌旺盛，呈脂溢性外观，毛孔粗大，毛囊口出现小黑点。对于油性皮肤的护理，应该使用清水以及较缓和的洗面奶洁面，外用少量含油脂的水剂或霜剂类化妆品。对于油性皮肤，过度的洗涤对皮肤并没有好处，相反，可能会刺激皮肤油脂的分泌，造成恶性循环。

(4) 混合性皮肤：兼有干性、中性或油性皮肤的特点，通常是有些部位呈油性(如面部的T区)，有些部位呈干性或中性，故护理及选用化妆品时应区别对待。如以干性为主的部位应选用含油脂较多的化妆品以增加皮肤的屏障功能，防止水分丢失；油性皮肤的部位则选用适合油性皮肤的产品。

(5) 敏感性皮肤：最大的特点是皮肤敏感，易受刺激，容易产生皮炎，故对这类皮肤应该选择低敏感性的化妆品，如不含色素和香料等的产品，并在初次使用前做好皮肤敏感性试验等。

3. 依据季节合理选用

皮肤在不同的季节气候条件下，也会有所变化，因此化妆品不仅要根据自己的皮肤性质来选择，而且要考虑气候和季节的改变对皮肤的影响，适时调整化妆品。

(1) 春季：春天随着气候温度的逐渐回升，皮肤的新陈代谢逐渐旺盛，皮脂腺和汗腺的分泌活动都有所增强，皮肤自然较冬季滋润些。这时就应该根据自己的皮肤性质，适当选择一些油脂含量相对较少的化妆品，面部也要注意清洁护理。紫外线辐射强度也有所增强，应适当注意使用防晒化妆品。

(2) 夏季：天气炎热，皮脂腺和汗腺分泌旺盛，皮肤油腻。在皮肤护理上，需要选择一些温和的去污力强的洗面奶或浴液，当然也不要频繁使用洗涤剂，不宜使用膏霜型化妆品或者大片涂抹粉底，否则，会阻碍汗液和皮脂的分泌，容易诱发粉刺和皮肤炎症，宜选用水包油型的蜜类化妆品等。夏季紫外线辐射强度最大，应该注意全天候防晒，防晒除用帽子等措施外，还要选择具有高SPF值和PA值的广谱防晒化妆品。

(3) 秋季：温度开始降低，干燥多风沙，皮肤代谢逐渐减弱，皮脂腺和汗腺分泌减少，皮肤容易干燥和出现脱屑，弹性降低。此时，选择化妆品应该以增加皮肤水分和油脂为目的，故应选用柔润皮肤、营养皮肤的乳液或者霜类化妆品，除特别注意面部和手部的护理外，还应防止全身皮肤干燥，可适当使用润肤露，这时的紫外线辐射强度虽然有所减弱，但仍然较强，还需要使用广谱防晒化妆品。

(4) 冬季：气候多寒冷干燥，多风少雨，皮肤血管收缩，皮肤代谢活动明显低下，皮肤油脂和含水量明显减少，此时皮肤容易粗糙和脱屑。选用化妆品则应以营养皮肤、增加皮肤含脂和含水量、柔润皮肤为首要目的，可用含脂量较多以及含有较好保湿剂的冷霜或其他类似的乳剂，甚至甘油。在选用清洁类化妆品时，注意使用具有润肤作用的乳液或香皂，注意不要过度洗浴，洗后注意使用润肤露。

4. 依据年龄与性别的差异合理选用

(1) 年龄：儿童处于生长发育期，皮脂腺发育尚未成熟，皮脂分泌少，胆固醇含量较高，皮肤细润，对外界刺激敏感，故选用化妆品时要慎重，应选用含油量较多、香料少等低刺激且性质温和无毒的化妆品。25 岁以下的年轻人，皮肤胆固醇含量较高，汗腺和皮脂腺分泌较旺盛，因此一般不用营养霜或抗皱纹霜，可以用些具有保湿成分的水包油型化妆品。25～40 岁，皮肤生长期已过，皮肤自然保湿因子和胆固醇逐渐减少，皮脂分泌减少，干性增加，皮肤粗糙，容易出现皱纹和色斑，此时应该对皮肤进行多重保护，包括防晒、保湿、抗皱以及美白等，采用营养性化妆水、保湿性霜类和蜜类化妆品。40 岁以上，新陈代谢衰退，会出现明显的皱纹，色素加深，宜采用有抗衰老作用的化妆品。

(2) 性别：男性年轻人皮脂腺和汗腺分泌旺盛，容易形成粉刺，较适合使用粉刺霜，还可选用剃须膏等男性专用化妆品。

二、中草药化妆品的合理使用

了解了皮肤的结构和生理功能，并有了中草药化妆品的基础知识，我们就不难理解中草药化妆品为何能保护皮肤以及怎样正确使用中草药化妆品才能起到保护皮肤的作用。现实生活中，合理使用中草药化妆品应注意以下几点。

1. 不能使用被微生物污染的中草药化妆品

(1) 中草药化妆品微生物污染的定义：中草药化妆品被检出超过标准规定以上的微生物或检出致病微生物。

(2) 中草药化妆品微生物污染的危害：增加皮肤感染的机会，变质的中草药化妆品成分可以直接刺激皮肤，微生物及其代谢成分都可能成为新的致敏原并增加皮肤过敏的机会。

(3) 中草药化妆品微生物感染的防范：分一次防范和二次防范。①一次防范包括购买时要注意其有无卫生许可证、产品生产日期、容器和包装的完整性、说明书和中草药化妆品的形状。②二次防范包括在使用中草药化妆品前注意清洁手部，不要用脏手直接接触中草药化妆品，每次使用完毕及时盖好容器，注意中草药化妆品使用期限以及注意中草药化妆品的保存环境。

(4) 中草药化妆品微生物污染的识别：常见的几种现象包括膨胀、气泡、酸败、色泽改变、霉斑、剂型改变和异味等，均提示有微生物污染。

2. 儿童不宜仿效成人化妆

由于儿童皮肤薄、皮肤新陈代谢功能不完善、皮肤附属器还不成熟等，再加上成人中草药化妆品中不少物质具有一定的刺激性、敏感性及吸收性，皮肤容易出现不良反应，因此需要选择儿童中草药化妆品。当然，偶尔短时间使用美容修饰类中草药化妆品也未尝不可，但不能长期使用，并注意及时卸妆。

3. 化妆品使用时不宜涂抹太厚

涂抹太厚，日久容易使皮脂腺、毛孔发生阻塞，容易引起痤疮等皮肤疾病。

4. 不能滥用激素类化妆品

虽然使用激素类化妆品有短期效果，但长期使用对皮肤无益，可能会使皮肤产生各种激素和药物的副作用。

第三节　中草药化妆品的不良反应

一、不良反应的概念

化妆品不良反应是指人们在日常生活中正常使用化妆品所引起的皮肤及其附属器的病变，以及人体局部或全身性的损害，不包括生产、职业性接触化妆品及其原料所引起的病变或使用假冒伪劣产品所引起的不良反应。

2011 年 11 月 24 日，国家食品药品监督管理总局发布了关于加快推进化妆品不良反应监测体系建设的指导意见，要求加快推进化妆品不良反应监测体系建设，力争在"十二五"期间，建立健全覆盖全国的化妆品不良反应监测网络。

尽管以中草药为原料的化妆品比以化学合成品为原料的化妆品安全性高，但并不意味着中草药化妆品不需要考虑安全性问题。首先，不是所有中草药都是无毒无害的；其次，有些中草药材受自然环境的影响并不纯净；再次，中草药化妆品在制备、保存中也容易受到污染，并且有些中草药成分安全范围较窄，稍多就容易产生毒性，所以应该注意剂量。我国的中草药化妆品行业的质量控制标准与国际水平有较大差距。国外天然植物添加剂研究开发注重走标准提取物的路线，许多生产企业都建立了相应的天然植物添加剂的行业质量标准体系。我国的中草药化妆品行业质量控制标准还有待从上而下的进一步补充和完善。

二、常见的不良反应

随着中草药化妆品的使用越来越广泛，某些化妆品引起的皮肤不良反应也受到越来越多的关注。化妆品发生不良反应的原因主要有两方面：一方面是化妆品本身的原因，包括化妆品的质量低劣、重金属或杂质含量超标、微生物污染、化学原料的毒性刺激及药物的毒副作用等；另一方面是消费者的原因，包括消费者自身为敏感体质、产品使用或选择不当、使用前没有认真阅读产品说明或没有做相应的皮肤敏感试验等。化妆品的不良反应主要表现在与化妆品密切接触的部位，如皮肤、毛发、指甲等。轻者只有自觉症状而无明显的皮损，表现为敏感性皮肤。重者则出现明显的皮肤损害，表现为化妆品皮肤病。常见的有以下几类。

1. 敏感性皮肤

敏感性皮肤为耐受性差的皮肤。表现为使用者自觉不能耐受涂抹在皮肤上的任何护肤品和化妆品，可出现烧灼感、刺痛感、紧绷感、瘙痒或其他各种皮肤不适，通常在停用后可自行恢复。

2. 化妆品接触性皮炎

化妆品接触性皮炎在化妆品皮肤病中最常见，占化妆品皮肤病的 50%～70%。是指由于接触化妆品引起的刺激性接触性皮炎和变应性接触性皮炎。表现为程度不同的红斑、丘疹、水肿及水疱，破溃后可有糜烂、渗液及结痂，自觉局部瘙痒、灼热或疼痛，严重者可表现为皮炎、红斑鳞屑、头面部红肿、眼周皮炎伴发结膜炎，手掌、手指出现汗疱疹样和接触性荨麻疹样表现。

3. 化妆品光感性皮炎

化妆品光感性皮炎是指化妆品中的光敏物质在光照条件下引起的皮肤黏膜炎性改变。一般将非免疫性机制引起的光敏感称为光毒性反应，由免疫性机制引起的光敏感称为光变态反应。表现为多形态的皮损，可出现红斑、丘疹及小水疱，自觉瘙痒，局部皮肤出现浸润、增厚、苔藓样变等。皮损主要发生在涂抹化妆品后的光照部位，停用化妆品后仍有皮疹发生，再次接触光敏物质后可发病。

4. 化妆品皮肤色素异常

化妆品皮肤色素异常是指接触化妆品的局部或其邻近部位发生的慢性皮肤色素沉着或色素脱失。其中以色素沉着较为常见，通常有明确的化妆品接触史，皮肤色素异常发生在接触化妆品的部位。

5. 化妆品痤疮

化妆品痤疮是指接触一定时间化妆品后，在局部发生的痤疮样皮损或毛囊炎症。可因化妆品对毛囊口的机械性堵塞引起，可单独发生，也可继发于接触性皮炎、光感性皮炎后。一般表现为黑头粉刺、炎性丘疹及脓疱等。停用可疑化妆品后，痤疮样皮损可明显改善或消退。

6. 化妆品毛发损害

化妆品毛发损害是指应用染发剂、洗发护发剂、发乳、发胶、眉笔等化妆品后引起的毛发脱色、变脆、脱落、断裂、分叉等改变。与化妆品中所含的染料、去污剂、表面活性剂及其他添加剂有关。

7. 化妆品甲损害

化妆品甲损害是指应用美甲化妆品所致的指甲本身及指甲周围损伤或发生炎性改变。多是由于使用劣质美甲产品或美甲工具使用不当刺激甲板及甲沟引起。

化妆品引起的皮肤不良反应有以下几个特点。

(1) 发病前有明确的化妆品接触史。

(2) 皮损的原发部位是使用该化妆品的部位。

(3) 有相应的化妆品皮肤病临床表现。

当出现化妆品不良反应时，应立即停止使用该产品，并在专业人员的指导下进行相应的检查或皮肤试验，配合诊断机构积极治疗，以免导致严重后果。

第十一章 中草药化妆品的卫生规范与质量控制

第一节 中草药化妆品的卫生规范

一、化妆品卫生规范总则

为了确保化妆品的卫生质量，加强化妆品的卫生监督与管理，国家于 1999 年发布了《化妆品卫生规范》，并于 2002 年进行了修订。随着化妆品行业的快速发展，化妆品安全性评价方法和检验技术的不断提高，国家于 2007 年再次对《化妆品卫生规范》进行了修订。此次修订借鉴了欧盟、美国、日本等国家和地区的最新化妆品法规和标准，并广泛听取了企业、行业协会和监督部门等利益相关单位的意见。《化妆品卫生规范》(2007 年版)于 2007 年 1 月 4 日发布，自 2007 年 7 月 1 日起正式实施。新版《化妆品卫生规范》修订了化妆品禁、限用原料名单，增加了 788 种禁用原料；将 2005 年卫生部(卫健委)发布的《染发剂原料名单》纳入规范的限用原料名单中；对防腐剂、防晒剂、着色剂、染发剂中部分原料进行调整，包括删除、增加和改变限用条件等。此次修订还增加了几种新的禁、限用原料的检测方法，增加了两种防晒化妆品长波紫外线(UVA)防晒效果评价方法(人体法和仪器法)，增加了防晒化妆品防水功能的测定方法和标识要求等。

新版《化妆品卫生规范》的基本内容包括总则、毒理学试验方法、卫生化学检验方法、微生物检验方法和人体安全性和功效评价检验方法五个部分。本章简单叙述总则部分内容。

总则规定了化妆品原料及其终产品的卫生要求，适用于在中华人民共和国境内销售的化妆品，引用欧盟化妆品规程(76/768/EEC)修订。

1. 总则中对化妆品卫生和包装的要求

(1) 一般要求：在正常以及合理的、可预见的使用条件下，化妆品不得对人体健康产生危害。

(2) 原料要求：根据《化妆品卫生规范》要求，化妆品禁用组分 1208 种，其提取物及制品均禁用的组分 78 种，限用物质 73 种(包括其使用范围、最大允许使用浓度、其他限制和要求以及标签上必须标印的使用条件和注意事项)。

化妆品组分中限用防腐剂 56 种，限用防晒剂 28 种，限用着色剂 156 种和染发剂 93 种。这几类物质的使用必须是《化妆品卫生规范》中所列物质，并必须符合该规范的附表中所列规定，包括最大允许使用浓度、其他限制和要求以及标签上必须标印的使用条件和注意事项。

终产品要求：化妆品必须使用安全，不得对施用部位产生明显刺激和损伤，且无感染性。

2. 化妆品中微生物学质量和有毒物质控制应符合下列规定

(1) 眼部化妆品及口唇等黏膜用化妆品以及婴儿和儿童用化妆品菌落总数不得大于 50 CFU/mL 或 50 CFU/g(CFU:colony forming unit，菌落形成单位)。

(2) 其他化妆品菌落总数不得大于 1000 CFU/mL 或 100 CFU/g。

(3) 每克或每毫升产品中不得检出粪大肠菌群、铜绿假单胞菌和金黄色葡萄球菌。

(4) 化妆品中真菌和酵母菌总数不得大于 100 CFU/mL 或 10 CFU/g。

(5) 化妆品中有毒物质不得超过如下限量：汞 1 mg/kg(含有机汞防腐剂的眼部化妆品除外)、铅 40 mg/kg、砷 10 mg/kg、甲醇 2000 mg/kg。

化妆品包装要求：化妆品的直接接触容器材料必须无毒，不得含有或释放可能对使用者造成伤害的有毒物质。

二、中草药化妆品卫生要求

(一) 化妆品卫生规范一般要求

(1) 中草药化妆品不得对施用部位产生明显刺激和损伤。

(2) 中草药化妆品必须使用安全，且无感染性的原料。

(二) 中草药化妆品卫生规范产品要求

1. 中草药化妆品的微生物学质量应符合下列规定

(1) 眼部化妆品及口唇等黏膜用化妆品以及婴儿和儿童用化妆品菌落总数不得大于 500 CFU/mL 或 500 CFU/g。

(2) 其他化妆品菌落总数不得大于 1000 CFU/mL 或 1000 CFU/g。

(3) 每克或每毫升产品中不得检出粪大肠菌群、铜绿假单胞菌和金黄色葡萄球菌。

(4) 化妆品中霉菌和酵母菌总数不得大于 100 CFU/mL 或 100 CFU/g。

(5) 化妆品中所含有毒物质不得超过表 11-1 中规定的限量。

表 11-1 化妆品有毒物质限量

有毒物质	限量/(mg/kg)	备注
汞	1	含有机汞防腐剂的眼部化妆品除外
铅	40	含醋酸铅的染发剂除外
砷	10	

2. 化妆品卫生规范包装要求

化妆品的直接接触容器材料必须无毒，不得含有或释放可能对使用者造成伤害的有毒物质。

第二节 中草药化妆品的质量控制

一、中草药化妆品质量控制的目的

随着科学技术的发展和人民生活水平的不断提高，化妆品在人们生活中占据越来越重要的位置，从而带动了化妆品科学的发展。近年来，化妆品的品种不断增多，功能性越来越强，同时对化妆品的质量要求也越来越高，提高化妆品企业的管理水平和产品质量已成为化妆品行业的当务之急，为了进一步保证产品质量，化妆品生产企业必须严格遵守、认真执行我国化妆品行业的各项法规。

质量，一般意义是指产品好或坏的程度。质量是反映实体（即可单独描述和研究的事物）满足明确和隐含需要的能力和特性的总和。这个广义的含义表明质量不仅要反映满足用户需要的性能、可靠性、可维修性等指标，而且要反映兼顾供需双方利益的经济要求和追求物美价廉基础上的适宜要求。

质量控制就是为达到质量要求所采取的作业技术和活动。这类技术和活动的目的在于监测生产过程并排除在质量控制中所有阶段上导致不满意的原因，以取得经济效益。质量控制不仅仅是建立独立的质检部门，测定和报告产品的质量，这只能监督和提出建议，而不能控制产品的质量。真正能控制产品质量的是那些直接参加产品生产的人，是生产体系中所有工作人员的结合，包括生产操作工人、维修工程师、服务人员，甚至部门的主管和经理也起重大作用。

化妆品的质量控制应实行结构完整的综合质量保证体系，以生产出符合质量标准的产品，确保消费者使用的最终产品安全、有效和稳定。这一体系包括规范、原料和包装的控制、每批生产的控制、最终产品的控制四个方面。

二、中草药化妆品质量控制的措施和要求

（一）规范

规范是评估制造过程中任何特定阶段是否达到正确结果所必需的，用于确定原料、过程和产品的要求。要做到良好的质量控制，规范有以下三种类型。

1. 原料的规范

包括原料的外观描述、鉴定实验、物理和化学实验、储存条件以及安全方面的各项要求。对于包装材料也要规范到组件的规格，甚至指定所有被批准使用的材料的类型和品级。

2. 工艺过程的规范

需要具体规范到每批生产量，要有完整的配方，配方构成至少包括原料的名称、代码和每批生产各种原料的质量。规范遵守安全要求，特别是任何有危险的原料和可能发生溢出时应注意的事项及需要采取的措施。

3. 产品的规范

包括外观描述，颜色、感觉、气味等物理实验，活性物或防腐剂评估等化学实验，对微生物的控制，以及最终产品包装的外观、标签位置、日期打码和充填高度等都要有相应要求。

（二）原料和包装的控制

1. 原料

需要有一体系保证原料在整个生产过程中受到控制。该体系的目的是防止未经测验或不合格的原料用于生产，体现在原料厂家的选择、检验标准制订、入厂检验、保存和使用等几个方面。要保存记录，提供可追溯性，以备需要时查阅参考，并有助于监督原料供应商和防止生产有缺陷的产品。原料在使用前检验合格，生产时才能按照既定配方投料，并做到物料间的平衡。

2. 包装组件

包装组件包括瓶、罐、盒、盖、商标纸和外包装纸盒等，其验收原则与原料的相似，也包括材料厂家的选择、检验标准制订、入厂检验、保存和使用等方面，须确保不会影响化妆品成品在出厂后的质量和使用。一般包装组件的包装数目较大，单从 1～2 箱中取样不具有代表性，最好按照统计质量控制方法取样，增大取样量。

3. 供应商的产品检验证明

对于有信誉的供应商，每批产品都有检验合格证明，有的还附有检验单，说明供应产品经过检验，符合规范要求。如果核实供应商有可靠的商业和技术上的信誉，能做到检验严格，提供数据完整，有能力保证原料的质量，便可减少对原料的抽检，节约时间和资源。

如果原料经过中间供应商，则应特别注意审核，并按安全规程进行接收，做好记录。经发现有影响终产品质量的不合格来料，应该告知相关方，按照相关规定进一步处理。

（三）每批生产的控制

对生产的控制是质量保证体系重要的阶段。这部分主要的要求是延伸从原料控制系统开始的可追溯性的连锁链，有助于对生产过程的监督和防止制造不合格产品，保持在整个生产过程中对质量的控制。

生产各个步骤都要有相关的操作规程指导人员操作，不能因人员更替而影响产品质量，每阶段生产都要有生产记录和监控记录，确保生产过程可控可查。

每个生产阶段必须实施卫生控制，并按照工艺规程要求的控制点，对生产出的化妆品进行取样检验。

（四）最终产品的控制

最终产品的控制是完成产品可追溯性连锁链，并提供由灌装线输出产品的永久性记录。监督灌装线的工作是确保产品应有的质量，防止不合格产品运送至消费者手中最后的机会。

灌装线上抽样是产品的最终检验，不合格产品不得出厂。每批产品均应标明批号，检验记录要求归档，一旦发生质量问题可以追溯，并对同批次产品进行快速召回。

在装箱前对抽样的质量和体积、包装、打码、标签等进行核查。抽样质量或体积偏差应合乎相应产品的规范。

三、中草药化妆品质量影响因素

（一）造成化妆品成品不安全的主要因素（一次污染）

（1）企业的管理不规范、生产工艺和质量控制不达标。

（2）企业的环境、设备、原料和辅料（包括去离子水）、包装物不合格。

（3）操作者的卫生状况差，使产品受污染。

（二）造成化妆品成品二次污染的主要因素

（1）化妆品储存和物流运输等环境条件不当。

（2）通常也与产品的配方设计有关，表现为配方中防腐剂体系抑菌效果不佳。

随着全球经济一体化的日益发展，我国化妆品产业自律行为的加强，政府强大的市场监督体系的建立，我国化妆品行业有望早日与国际接轨，真正走向全球市场。

主要参考文献

[1] 黄桂宽.实用美容化学[M].北京:科学出版社,2002.

[2] 包于珊.化妆品学[M].北京:中国纺织出版社,1998.

[3] 傅贞亮.化妆品安全使用 100 问[M].西安:世界图书出版公司西安分公司,1998.

[4] 谷建梅.化妆品与调配技术[M].北京:人民卫生出版社,2010.

[5] 孙海峰.中药化妆品开发与应用[M].北京:人民卫生出版社,2017.

[6] 李利.美容化妆品学[M].2 版.北京:人民卫生出版社,2011.

[7] 黄丽娃.美容化妆品[M].北京:人民卫生出版社,2010.

[8] 刘华钢.中药化妆品学[M].北京:中国中医药出版社,2006.

[9] 刘德军.现代中药化妆品制作工艺及配方[M].北京:化学工业出版社,2009.

[10] 黄儒强.化妆品生产良好操作规范(GMPC)实施指南[M].北京:化学工业出版社,2009.

[11] 章苏宁.化妆品工艺学[M].北京:中国轻工业出版社,2007.

[12] 赖维,刘玮.美容化妆品学[M].北京:科学出版社,2006.